essentials

Essentials liefern aktuelles Wissen in konzentrierter Form. Die Essenz dessen, worauf es als „State-of-the-Art" in der gegenwärtigen Fachdiskussion oder in der Praxis ankommt, komplett mit Zusammenfassung und aktuellen Literaturhinweisen. Essentials informieren schnell, unkompliziert und verständlich

- als Einführung in ein aktuelles Thema aus Ihrem Fachgebiet
- als Einstieg in ein für Sie noch unbekanntes Themenfeld
- als Einblick, um zum Thema mitreden zu können.

Die Bücher in elektronischer und gedruckter Form bringen das Expertenwissen von Springer-Fachautoren kompakt zur Darstellung. Sie sind besonders für die Nutzung als eBook auf Tablet-PCs, eBook-Readern und Smartphones geeignet.

Essentials: Wissensbausteine aus Wirtschaft und Gesellschaft, Medizin, Psychologie und Gesundheitsberufen, Technik und Naturwissenschaften. Von renommierten Autoren der Verlagsmarken Springer Gabler, Springer VS, Springer Medizin, Springer Spektrum, Springer Vieweg und Springer Psychologie.

Susanne Petra Sicius-Hahn
Elisa Johanna Hahn
Fabian Philipp Hahn
Dr. Gisela Sicius-Abel

Hermann Sicius

Titangruppe: Elemente der vierten Nebengruppe

Eine Reise durch das Periodensystem

Hermann Sicius
Dormagen
Nordrhein-Westfalen
Deutschland

ISSN 2197-6708 ISSN 2197-6716 (electronic)
essentials
ISBN 978-3-658-12639-1 ISBN 978-3-658-12640-7 (eBook)
DOI 10.1007/978-3-658-12640-7

Die Deutsche Nationalbibliothek verzeichnet diese Publikation in der Deutschen Nationalbibliografie; detaillierte bibliografische Daten sind im Internet über http://dnb.d-nb.de abrufbar.

Springer Spektrum
© Springer Fachmedien Wiesbaden 2016

Gedruckt auf säurefreiem und chlorfrei gebleichtem Papier

Springer Fachmedien Wiesbaden ist Teil der Fachverlagsgruppe Springer Science+Business Media (www.springer.com)

Was Sie in diesem Essential finden können

- Eine umfassende Beschreibung von Herstellung, Eigenschaften und Verbindungen der Elemente der vierten Nebengruppe
- Aktuelle und zukünftige Anwendungen
- Ausführliche Charakterisierung der einzelnen Elemente

Inhaltsverzeichnis

Einleitung

Willkommen bei den Elementen der vierten Nebengruppe (Titan, Zirkonium, Hafnium und Rutherfordium), die zueinander physikalisch und chemisch relativ ähnlich sind. Im Falle des Zirkoniums und Hafniums sind die chemischen Eigenschaften wegen der sich vollkommen auswirkenden Lanthanoidenkontraktion sogar sehr ähnlich; bei den jeweiligen physikalischen Eigenschaften ergeben sich dann aber doch Unterschiede, was bei der Dichte und dem Einfangquerschnitt für thermische Neutronen besonders deutlich wird. Meist geben die Elemente dieser Gruppe insgesamt vier äußere Valenzelektronen (jeweils zwei s- und zwei d-Elektronen) ab, um eine stabile Elektronenkonfiguration zu erreichen.

Die Entdeckung des Titans und des Zirkoniums erfolgte zu Beginn des 19. Jahrhunderts, die des Hafniums jedoch erst mehr als hundert Jahre später, im Jahre 1923. Damit war Hafnium eines der zur damaligen Zeit letzten stabilen, das heißt nicht radioaktiven Elemente, die noch aufzufinden und zu isolieren waren. Atomkerne des Rutherfordiums (bzw. des damals noch Kurtschatovium genannten Elementes) wurden erstmals 1964 durch Kernfusion erzeugt. Sie finden alle Elemente dieser Gruppe im untenstehenden Periodensystem in Gruppe N 4.

Elemente werden eingeteilt in Metalle (z. B. Natrium, Calcium, Eisen, Zink), Halbmetalle wie Arsen, Selen, Tellur sowie Nichtmetalle wie beispielsweise Sauerstoff, Chlor, Jod oder Neon. Die meisten Elemente können sich untereinander verbinden und bilden chemische Verbindungen; so wird z. B. aus Natrium und Chlor die chemische Verbindung Natriumchlorid, also Kochsalz.

Einschließlich der natürlich vorkommenden sowie der bis in die jüngste Zeit hinein künstlich erzeugten Elemente nimmt das aktuelle Periodensystem der Elemente (Abb. 1.1) bis zu 118 Elemente auf, von denen zur Zeit noch vier Positionen unbesetzt sind.

© Springer Fachmedien Wiesbaden 2016
H. Sicius, *Titangruppe: Elemente der vierten Nebengruppe,* essentials,
DOI 10.1007/978-3-658-12640-7_1

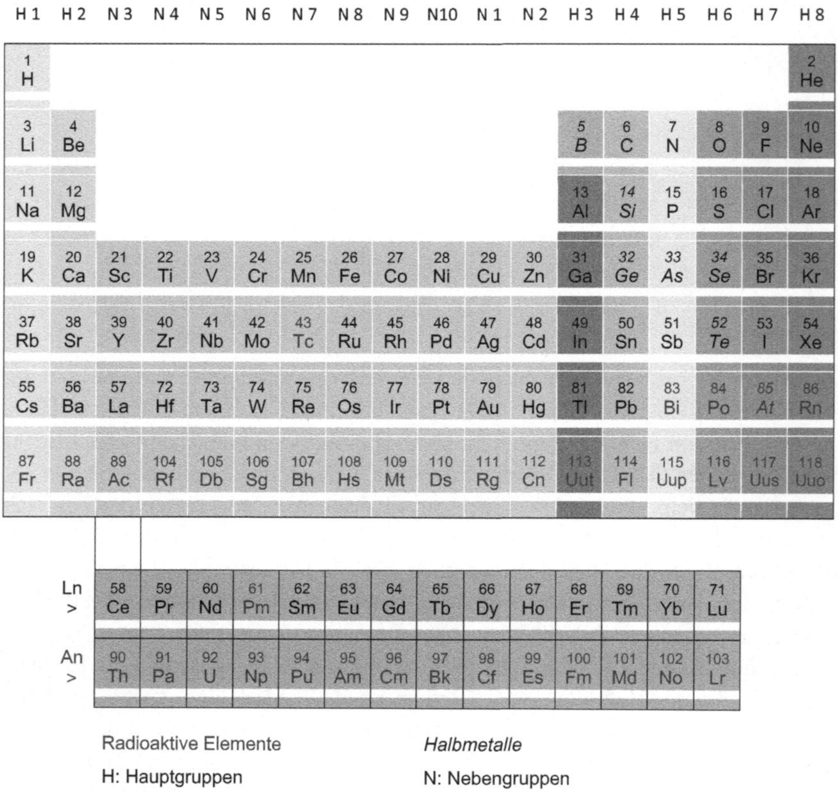

H 1	H 2	N 3	N 4	N 5	N 6	N 7	N 8	N 9	N10	N 1	N 2	H 3	H 4	H 5	H 6	H 7	H 8
1 H																	2 He
3 Li	4 Be											5 *B*	6 C	7 N	8 O	9 F	10 Ne
11 Na	12 Mg											13 Al	14 *Si*	15 P	16 S	17 Cl	18 Ar
19 K	20 Ca	21 Sc	22 Ti	23 V	24 Cr	25 Mn	26 Fe	27 Co	28 Ni	29 Cu	30 Zn	31 Ga	32 *Ge*	33 *As*	34 *Se*	35 Br	36 Kr
37 Rb	38 Sr	39 Y	40 Zr	41 Nb	42 Mo	43 Tc	44 Ru	45 Rh	46 Pd	47 Ag	48 Cd	49 In	50 Sn	51 Sb	52 *Te*	53 I	54 Xe
55 Cs	56 Ba	57 La	72 Hf	73 Ta	74 W	75 Re	76 Os	77 Ir	78 Pt	79 Au	80 Hg	81 Tl	82 Pb	83 Bi	84 Po	85 *At*	86 Rn
87 Fr	88 Ra	89 Ac	104 Rf	105 Db	106 Sg	107 Bh	108 Hs	109 Mt	110 Ds	111 Rg	112 Cn	113 Uut	114 Fl	115 Uup	116 Lv	117 Uus	118 Uuo

Ln >	58 Ce	59 Pr	60 Nd	61 Pm	62 Sm	63 Eu	64 Gd	65 Tb	66 Dy	67 Ho	68 Er	69 Tm	70 Yb	71 Lu
An >	90 Th	91 Pa	92 U	93 Np	94 Pu	95 Am	96 Cm	97 Bk	98 Cf	99 Es	100 Fm	101 Md	102 No	103 Lr

Radioaktive Elemente *Halbmetalle*

H: Hauptgruppen N: Nebengruppen

Abb. 1.1 Periodensystem der Elemente

Die Einzeldarstellungen der insgesamt vier Vertreter der Gruppe der Elemente der vierten Nebengruppe enthalten dabei alle wichtigen Informationen über das jeweilige Element, so dass ich hier nur eine sehr kurze Einleitung vorangestellt habe.

Titan ist mit einem Anteil von 5650 ppm immerhin das neunthäufigste in der Erdkruste vorkommende Element; in der Erdhülle sind daher immer noch insgesamt 4100 ppm enthalten. Wesentlich seltener sind Zirkonium (Gehalt in der Erdhülle: 210 ppm) und Hafnium (4 ppm). Rutherfordium ist ausschließlich durch künstliche Kernreaktionen zugänglich und wird, wenn überhaupt, dann nur in extrem geringen Mengen synthetisch hergestellt.

© Springer Fachmedien Wiesbaden 2016

H. Sicius, *Titangruppe: Elemente der vierten Nebengruppe,* essentials,

DOI 10.1007/978-3-658-12640-7_2

Herstellung 3

In der Regel gewinnt man Titan, Zirkonium und Hafnium jeweils durch Umsetzung ihrer Oxide (TiO_2, ZrO_2, HfO_2) mit Kohle und Chlor, wobei jeweils die leicht flüchtigen und destillierbaren Chloride ($TiCl_4$, $ZrCl_4$ bzw. $HfCl_4$) entstehen. Diese reduziert man meist mit Magnesium zum rohen Metall, das dann, je nach Reinheitserfordernissen, nach dem Van Arkel-De Boer-Verfahren in hochreiner Form erzeugt wird.

© Springer Fachmedien Wiesbaden 2016

H. Sicius, *Titangruppe: Elemente der vierten Nebengruppe,* essentials,

DOI 10.1007/978-3-658-12640-7_3

Eigenschaften 4

4.1 Physikalische Eigenschaften

Die physikalischen Eigenschaften sind in dieser Gruppe mit nur wenigen Ausnahmen regelmäßig nach steigender Atommasse abgestuft. Vom Titan zum Hafnium nehmen Dichte, Schmelzpunkte und -wärmen sowie Siedepunkte und Verdampfungswärmen zu, ebenso – allerdings nur schwach – die chemische Reaktionsfähigkeit. Der bei den Elementen der ersten bis dritte Hauptgruppe zu beobachtende Effekt der Schrägbeziehung, also etwa der des Titans zu Niob, tritt bei den Nebengruppenelementen jedoch nicht auf.

4.2 Chemische Eigenschaften

Die Elemente der Titangruppe sind teils reaktiv, teils aber auch erstaunlich passiv. An der Luft lagernd, schützt sie eine passivierende Oxidschicht vor weiterer Korrosion, und auch in Säuren sind sie nur vereinzelt und dann auch nur unter Anwendung drastischer Methoden löslich. Mit vielen Nichtmetallen (Halogenen, Sauerstoff, auch Stickstoff und Kohlenstoff) reagieren sie aber bei erhöhter bzw. hoher Temperatur. Titan-IV-oxid reagiert amphoter, die Dioxide des Zirkoniums und Hafniums (ZrO_2, HfO_2) schwach basisch.

© Springer Fachmedien Wiesbaden 2016

H. Sicius, *Titangruppe: Elemente der vierten Nebengruppe*, essentials,

DOI 10.1007/978-3-658-12640-7_4

Einzeldarstellungen

5

Im folgenden Teil sind die Elemente der Titangruppe (4. Nebengruppe) jeweils einzeln mit ihren wichtigen Eigenschaften, Herstellungsverfahren und Anwendungen beschrieben.

5.1 Titan

Symbol	Ti		
Ordnungszahl	22		
CAS-Nr.	7440-32-6		
Aussehen	Silbrig glänzend	Titan, Perle (elementsales 2015)	TItan, Schwamm (Sicius 2015)
Entdecker, Jahr	Gregor (England), 1791 Klaproth (Preußen), 1795 Von Liebig (Preußen), 1831		
Wichtige Isotope [natürliches Vorkommen (%)]	Halbwertszeit (a)	Zerfallsart, -produkt	
$^{46}_{22}$Ti (8,0)	Stabil	-----	
$^{47}_{22}$Ti (7,3)	Stabil	-----	
$^{48}_{22}$Ti (73,8)	Stabil	-----	
$^{49}_{22}$Ti (5,5)	Stabil	-----	
$^{50}_{22}$Ti (5,4)	Stabil	-----	
Massenanteil in der Erdhülle (ppm)	4100		

© Springer Fachmedien Wiesbaden 2016
H. Sicius, *Titangruppe: Elemente der vierten Nebengruppe,* essentials,
DOI 10.1007/978-3-658-12640-7_5

Atommasse (u)	47,867
Elektronegativität (Pauling ♦ Allred&Rochow ♦ Mulliken)	1,54 ♦ K. A. ♦ K. A.
Normalpotential: $TiO^{2+}+2\,H^{+}+4\,e^{-} > Ti + H_2O$ (V)	$-0,86$
Atomradius (pm)	140
Van der Waals-Radius (berechnet, pm)	Keine Angabe
Kovalenter Radius (pm)	160
Ionenradius (Ti^{4+}, pm)	69
Elektronenkonfiguration	$[Ar]\,3d^2\,4s^2$
Ionisierungsenergie (kJ/mol), erste ♦ zweite ♦ dritte ♦ vierte	659 ♦ 1310 ♦ 2653 ♦ 4175
Magnetische Volumensuszeptibilität	$1,8 * 10^{-4}$
Magnetismus	Paramagnetisch
Kristallsystem	Hexagonal (bis 886 °C), da-rüber kubisch-raumzentriert
Elektrische Leitfähigkeit ([A/V ∗ m)], bei 300 K)	$2,5 * 10^6$
Elastizitäts- ♦ Kompressions- ♦ Scher-modul (GPa)	116 ♦ 110 ♦ 44
Vickers-Härte ♦ Brinell-Härte (MPa)	830-3420 ♦ 716-2770
Mohs-Härte	6
Schallgeschwindigkeit (m/s, bei 298,15 K)	4140
Dichte (g/cm³, bei 298,15 K)	4,50
Molares Volumen (m³/mol, im festen Zustand)	$10,64 * 10^{-6}$
Wärmeleitfähigkeit [W/(m ∗ K)]	22
Spezifische Wärme [J/(mol ∗ K)]	25,06
Schmelzpunkt (°C ♦ K)	1688 ♦ 3260
Schmelzwärme (kJ/mol)	18,7
Siedepunkt (°C ♦ K)	3260 ♦ 3533
Verdampfungswärme (kJ/mol)	457

Vorkommen Titan ist mit einem Anteil von 5650 ppm das neunthäufigste in der Erdkruste vorkommende Element (Lide 2010), tritt aber nur mit Sauerstoff chemisch verbunden in Form von Mineralien und nicht elementar auf. Wichtige Mineralien bzw. Erze sind Rutil (TiO_2), Ilmenit (Titaneisenerz, $FeTiO_3$), Leukoxen (ein eisenarmer Ilmenit), Perowskit ($CaTiO_3$), zusätzlich findet es sich als Begleiter in Eisenerzen und Silikaten, dies aufgrund seiner nahen chemischen Verwandtschaft zum Silicium. Hauptsächlich kommt Titan in Australien, Südafrika, Skandinavien,

China, Brasilien, den USA, Kanada, Paraguay (Wochenblatt Paraguay, 8.11.2010), Malaysia und Russland (Uralgebiet) vor. In Russland (Jekaterinburg) ist mit der VSMPO-AVISMA auch der weltweit bedeutendste Produzent ansässig. Bereits vor etwa einem Jahrzehnt wurden weltweit insgesamt ca. 5 Mio. t Titandioxid hergestellt, von denen gut 40 % aus Australien und jeweils ca. 20 % aus Kanada und Südafrika stammten.

Himmelskörper enthalten ebenfalls Titan, wie spektroskopisch bei Sternen und anhand von Gesteinsproben nachgewiesen wurde, die auf dem Mond gesammelt wurden (Der Standard, 9.10.2011; Die Welt 10.10.2011).

Gewinnung Ausgangsprodukt für die Herstellung von Titan sind die Erze Ilmenit oder Rutil. Das Produktionsverfahren umfasst mehrere Schritte und ist sehr aufwändig; dies macht Titan teuer. Sein Preis lag 2013 beim etwa Zweihundertfachen des jenigen von Rohstahl; schon 2008 kostete der bei diesem Prozess üblicherweise erzeugte Titanschwamm rund € 12.000.–/t (Stirn 2009). Zunächst setzt man angereichertes Titandioxid in der Hitze mit Chlor und Kohle zu Titan-IV-chlorid ($TiCl_4$) um:

$$TiO_2 + 2\,C + 2\,Cl_2 \rightarrow TiCl_4 + 2\,CO$$

Das bei diesen Temperaturen in gasförmigem Zustand erzeugte, sehr hydrolyseempfindliche und korrosiv wirkende Titan-IV-chlorid wird in Kühlern kondensiert. Dieses reduziert man dann mit flüssigem Magnesium zu Titan. Sollen Titanlegierungen produziert werden, so muss der bei der Reduktion entstandene Titanschwamm im Vakuum-Lichtbogenofen umgeschmolzen werden.

Reinstes Titan erzeugt man nach dem Van-Arkel-de-Boer-Verfahren, das Rohtitan erhitzt man zusammen mit Iod am Boden eines evakuierten glockenförmigem Gefäßes bei einem Druck von nur 0,1–20 Pa auf eine Temperatur von rund 800 °C. Dabei bildet sich das unter den herrschenden Bedingungen unter exergonischer Reaktion gasförmiges Titan-IV-iodid (TiI_4). Dieses gelangt durch Diffusion oder Konvektion an einen glühenden Wolframdraht, an dem es sich wieder zersetzt. Dabei scheidet sich in der Rückreaktion das reine Metall ab. Das bei dieser Zersetzungsreaktion wieder freiwerdende Iod reagiert am Boden des Reaktionsgefäßes erneut mit Titan. Eventuell zuvor im Metall vorhandene Verunreinigungen verbleiben im Rückstand.

Eigenschaften

Unterhalb einer Temperatur von 880 °C kristallisiert Titan hexagonal-dichtest, bei darüber liegender Temperatur bildet sich eine kubisch raumzentrierte Struktur aus.

Titan ist vor allem für solche Anwendungen geeignet, bei denen Korrosionsbeständigkeit, Festigkeit und geringes Gewicht wichtig sind. Bei Temperaturen > 400 °C nimmt die Verformbarkeit durch Aufnahme von Sauerstoff und Stickstoff, die eine Versprödung bewirken, ab, wogegen es in sehr reinem Zustand sogar plastisch verformbar ist. Bei relativ geringer Dichte ist Titan bei Raumtemperatur sehr fest.

Supraleitend wird es erst unterhalb einer Temperatur von −272,75 °C (0,4 K).

Beim Stehenlassen an der Luft bildet sich auf der Oberfläche des Titans eine sehr dünne, passivierende Schutzschicht aus Titan-IV-oxid, die es gegen viele Medien schützt. Ist es bei Raumtemperatur – außer im hochreaktiven feinverteilten Zustand – noch relativ beständig gegenüber Sauerstoff und Halogenen, so reagiert es mit diesen bei erhöhter Temperatur sehr heftig. Die Passivierungsschicht hält dann nicht stand. In einer aus reinem Sauerstoff bestehenden Atmosphäre verbrennt Titan bereits bei Raumtemperatur und bei Anwendung eines Druckes von 25 bar vollständig zu Titan-IV-oxid. Mit Chlor und Brom erfolgt bei Temperaturen ab 550 °C schnelle und heftige Umsetzung zum jeweiligen Tetrahalogenid ($TiCl_4$ bzw. $TiBr_4$). Titan setzt sich bei erhöhter Temperatur auch mit Stickstoff unter Bildung von Titannitrid (TiN) um.

Titan ist aber gegenüber verdünnter, kalter Salpetersäure, Schwefelsäure, Salzsäure, chloridhaltigen Lösungen, vielen organischen Säuren sowie Natronlauge beständig. Konzentrierte Schwefelsäure greift es unter Bildung des violetten Titansulfats aber an. Kleine Mengen zulegierter Metalle wie Aluminium, Vanadium, Mangan, Molybdän, Palladium, Kupfer, Zirkonium und Zinn erhöhen die Resistenz gegenüber Korrosion erheblich. Bei erhöhter Temperatur neigt es zudem zur Aufnahme größerer Mengen von Sauer-, Wasser- oder Stickstoff, was zu einer Versprödung führt.

Verbindungen

Verbindungen mit Chalkogenen Das ungiftige und relativ preiswerte Farbpigment *Titandioxid (TiO_2)* ist in fast allen heute verwandten weißen Kunststoffen und Farben enthalten. Es ist auch als Lebensmittelfarbstoff E171 zugelassen. Titandioxid ist ein amphoteres Oxid; von ihm leiten sich Titanate wie Barium- und Lithiumtitanat ab, die beispielsweise in der Elektro- und Werkstofftechnik sowie bei der Herstellung von Hochleistungsakkumulatoren verwendet werden.

Das polymorphe *Titan-IV-oxid (Titandioxid, TiO_2)* ist die mit Abstand wichtigste Verbindung des Titans. Daneben existieren auch Titan-III-oxid (Ti_2O_3) und Titan-II-oxid (TiO).

Herstellung Als weißes, ungiftiges Farbpigment (Titanweiß) wird Titan-IV-oxid in Mengen von ca. 5 Mio. t weltweit verbraucht (Gambogi 2011). Die größten Anteile gehen in Beschichtungen (Anstriche, Lacke), außerdem werden Kunststoffe hiermit eingefärbt. Oft ist die Verbindung auch in anderen Farben enthalten, nur um eine höhere Deckkraft zu erzielen. Drei Viertel der insgesamt produzierten Menge stammen von fünf Herstellern [DuPont (USA), Cristal Global (Saudi-Arabien), Huntsman (USA), Kronos (USA, seit fast 100 Jahren bereits Produzent), Tronox (USA)] (Brock et al. 2000). Bis zum Beginn des zweiten Weltkrieges war die Grundlage des Weißpigments die Anatas-Modifikation, danach zunehmend Rutil, da jene für eine größere Beständigkeit gegenüber Witterungseinflüssen steht.

Titan-IV-oxid erzeugt man durch Hydrolyse von Titan-IV-Verbindungen, beispielsweise Titanylsulfat ($TiOSO_4$) oder Titanylverbindungen generell, die als primäres Umsetzungsprodukt der Reaktion der meist sehr hydrolyseempfindlichen Titan-IV-Verbindungen (Titan-IV-chlorid, $TiCl_4$) mit Wasser entstehen. In gleicher Weise hydrolysieren Titan-IV-alkoholate zum Teil heftig zu Titan-IV-oxid, wenn sie mit Wasser in Kontakt kommen. Eine kontrolliert und etwas langsamer ablaufende Hydrolyse erhält man bei Einsatz von Titansäureestern mit höheren Alkoholen oder solchen mit verzweigter Kette; beispielhaft ist das tert.-Butylat genannt:

$$Ti\,[OC(CH_3)_3]_4 + 2\,H_2O \rightarrow TiO_2 + 4\,HOC(CH_3)_3$$

Als Zwischenprodukt entstehen dabei zunächst Titanoxidhydroxid bzw. hydratisiertes Titan-IV-oxid, das durch Erhitzen in Anatas oder Rutil überführt wird. Glühen der Verbindung ergibt direkt Rutil. Hochreines Titan-IV-oxid gewinnt man durch langsame, kontrollierte Hydrolyse gereinigten Titan-IV-chlorids.

Meist enthalten Titanerze wie Ilmenit ($FeTiO_3$) farbgebende Ionen wie Eisen-III oder Niobverbindungen. Da diese aber die Verwendbarkeit des Titan-IV-oxids als Weißpigment einschränken würden, müssen sie entfernt werden. Die Aufarbeitung des Erzes und damit gleichzeitig die weitgehende Entfernung der farbgebenden Verbindungen erfolgt nach dem Sulfat- oder Chloridverfahren. Bei der industriellen Herstellung von Titanoxid aus Ilmenit nach dem Sulfatverfahren entsteht Dünnsäure (verdünnte Schwefelsäure), die in Deutschland noch bis in die 1980er Jahre hinein in der Nordsee verklappt werden durfte (!), heute aber meist nach Aufkonzentration für den Ilmenit-Aufschluss wiederverwendet wird. Die Praxis des Einleitens der verdünnten Schwefelsäure in Flüsse oder angrenzende Meere ist aber bis heute noch gängige Praxis in einigen Ländern. Der Einsatz des Chloridverfahrens vermeidet die Bildung von Dünnsäure; das eingesetzte Chlor leitet man, so weit möglich, wieder in den Prozesskreislauf zurück.

Mehr als vier Fünftel der gesamten Fördermenge an Titanerz wird vor allem nach dem Chlorid-, aber auch -in geringerem Anteil- nach dem Sulfatverfahren zu Titandioxid verarbeitet.

Physikalische Eigenschaften Die Modifikation *Rutil* kristallisiert tetragonal und weist eine Dichte von 4,26 g/cm³ auf. Dagegen tritt *Anatas* in Form tetragonal holoedrischer Kristalle der Dichte 3,88 g/cm³ auf. Ab einer Temperatur von 700 °C wandelt sich Anatas irreversibel in Rutil um. Nur diese beiden Modifikationen besitzen technische Bedeutung. *Brookit* als dritte natürlich vorkommende Modifikation besitzt eine Dichte von 4,12 g/cm³, kristallisiert im orthorhombischen Gitter und erleidet bei hoher Temperatur ebenfalls Umwandlung in Rutil.

Daneben gibt es acht synthetisch erzeugte Modifikationen. Fünf von ihnen sind nur durch Anwendung hoher Drücke herstellbar und weisen zu α-PbO$_2$, Baddeleyit und Cotunnit ähnliche Strukturen auf; daneben gibt es noch jeweils eine orthorhombische und kubische Struktur. Die zu Cotunnit ähnliche Modifikation soll nach Dubrovinsky das härteste Metalloxid überhaupt sein (Dubrovinsky et al. 2001), was Ergebnisse anderer Untersuchungen aus dieser Zeit nicht ganz bestätigten (Hatta et al. 1996; Machida und Fukuda 1991; Sekiya und Kurita 2008).

Die Züchtung von Einkristallen des Rutils ist möglich; meist geschieht dies nach dem Verneuil-Verfahren (Al-Khatatbeh et al. 2009). Gelegentlich wendet man noch das Zonenschmelzen an, nicht aber das Czochralski-Verfahren (Nishio-Hamane 2010; Brauer 1978, S. 1366). Anatas-Einkristalle kann man nicht aus der Schmelze heraus erzeugen; spezielle Verfahren müssen hierzu angewandt werden.

Titandioxid hat den hohen Schmelzpunkt von 1855 °C. Es ist thermisch stabil und chemisch weitgehend inert, lichtbeständig, preiswert und ungiftig. Daher darf man es als Weißpigment und auch in Lebensmitteln einsetzen.

Die optischen Eigenschaften des Titan-IV-oxids sind sehr auffällig; so zeigt es einen hohen, jedoch von der vorliegenden Modifikation abhängigen Brechungsindex und ist zudem doppelbrechend. Dies macht es als Material für optische Prismen sehr interessant. Zudem beruht das hervorragende Deckkraft des Weißpigments und sein sehr gutes Aufhellvermögen auf seinem hohem Brechungsindex, wobei das Maximum des Deckvermögens bei Korngröße von 200 bis 300 nm liegt (Thiele 1998; Winkler 2003).

Titandioxid besitzt die Eigenschaften eines Halbleiters, mit allerdings großer Bandlücke, die von der Modifikation und auch der Kristallausrichtung abhängt (Rutil: 3,02 eV bei 410 nm, Anatas: 3,23 eV bei 385 nm und Brookit: 3,14 eV bei 395 nm) (Grätzel 1985).

Chemische Eigenschaften Titan-IV-oxid ist chemisch inert und kann nur in heißer Schwefelsäure, Flusssäure unter Entstehung basischer Titan-IV-salze sowie in heißen Laugen unter Bildung von Titanaten gelöst werden.

Anwendungen Titan-IV-oxid hat aus den oben genannten Gründen sehr viele Einsatzgebiete, von denen das Wichtigste das in Weißpigmenten ist [Farbindizes (Color Indexes (C. I.)) Pigment White 6 und 77891]. Als solches setzt man es in der Europäischen Union unter der Kennzeichnung E 171 als Lebensmittelzusatzstoff (Zahnpasta, Kaugummis, Bonbons) und unter dem oben genannten Farbschlüssel C.I. 77891 als Pigment in Kosmetika ein.

Technische Verwendung findet es, meist in Gestalt der Modifikation Rutil, zu vier Fünfteln in Farben, Lacken und Beschichtungen, Kunststoffen, Textilien, in Sonnencremes als Abschirmer gegenüber UV-Strahlung und bei der Produktion von Papier als Füllstoff und Aufheller (Ceresana 2013). Der Einsatz als Deckweiß in der Ölmalerei ist interessant, aber von den Einsatzmengen her eher exotisch.

Titan-IV-oxid hat einen Brechungsindex, der deutlich größer als der der meisten organischen Stoffe ist, die zur Bindung von Farben eingesetzt werden. Das bedeutet, dass Pigmente aus diesem Material das Licht effektiv streuen, so dass sich eine gut deckende weiße Farbe ergibt. Dabei liegt die optimale Größe der Pigmente im Bereich von 200 bis 300 nm.

Die photochemische Aktivität von Rutil ist am geringsten, bei Anatas am stärksten. Diese photokatalytischen Eigenschaften beruhen auf der Fähigkeit des Minerals, bei Bestrahlung mit Ultraviolettlicht gasförmige oder gelöste Stoffe mittels radikalischer Reaktion an seiner Oberfläche umzusetzen. Die hierzu notwendige, von der UV-Strahlung bereitgestellte Energie führt zu einer kurzfristigen Anhebung der Energie von Elektronen über die Bandlücke hinweg, wodurch für einen sehr kurzen Moment freie Ladungsträger, also im Leitungsband befindliche Elektronen sowie Löcher im Valenzband, erzeugt werden. Im Zuge der sehr schnell verlaufenden Rückreaktion können sich die Energieniveaus der Bänder in den an der Oberfläche des Kristalls befindlichen Elementarzellen verschieben. Die so kurzzeitig gebildeten ungepaarten Ladungsträger setzen sich oft mit adsorbiertem Sauerstoff und Wasser zu Hydroxi- und Peroxi-Radikalen um oder greifen Moleküle organischer Stoffe direkt an (Lindner 1997).

Die im Handel befindlichen Photokatalysatoren auf Basis von TiO_2 können reiner Anatas, Mischungen von Anatas mit Rutil oder dotierte Titandioxide sein (Hund-Rinke et al. 2013). Die Messgrößen in der Photokatalyse sind unter anderem Quantenausbeuten, typisch ist eine chemische Reaktion auf 1000 Photonen (Ebbinghaus 2002; Klare 1999). Die Selektivität der Photokatalyse ist gering; daher ist es schwer, gezielt chemische Synthesen auf Basis photokatalytisch aktiver Katalysatoren durchzuführen.

Optischen Gläsern wird zur Erhöhung der Dispersion Titan-IV-oxid zugesetzt. Eine sehr aktuelle Anwendung für Anatas ist diejenige in Katalysatoren für die Entstickung von Rauchgasen. In bestimmten Typen von Solarzellen macht man sich die Halbleitereigenschaften von Titan-IV-oxid zunutze; in Keramikkondensatoren wird es als Dielektrikum eingesetzt.

Memristoren sind elektrische Schalter, die aus zwei dünnen Titandioxidschichten bestehen. Diese wiederum liegen zwischen zwei Metallkontakten. Eine der Titandioxidschichten weist ein stöchiometrisch korrektes Verhältnis zwischen Titan- und Sauerstoffatomen aus, die andere Schicht enthält jedoch eine im Verhältnis dazu geringere Zahl an Sauerstoffatomen. Die fehlenden Sauerstoffatome erzeugen Fehlstellen und ändern die elektronischen Eigenschaften des Memristors. Normalerweise leitet Titan-IV-oxid den elektrischen Strom nicht, aber die Schicht mit einem Mangel an Sauerstoffatomen schon. Legt man eine elektrische Spannung an den Memristor an, so wandern die Sauerstoffatome zwischen beiden Schichten; am Ende besitzen beide aus Titan-IV-oxid bestehende Schichten eine unterstöchiometrische Zahl an Sauerstoffatomen. Der elektrische Widerstand ändert sich laufend und oft stark. Das Anlegen gegenläufiger Spannungen schaltet den Memristor wieder aus, weil das ursprüngliche Verhältnis der Sauerstoffatome in beiden Schichten wieder hergestellt wird (Bullis 2008).

Bariumtitanat (BaTiO₃) wird durch Erhitzen einer Mischung von *Bariumcarbonat (BaCO₃)* und Titan-IV-oxid (TiO_2) auf Temperaturen von 1200 °C hergestellt:

$$BaCO_3 + TiO_2 \rightarrow BaTiO_3 + CO_2$$

Unter etwas milderen Bedingungen kann Bariumtitanat durch Vermengen stöchiometrischer Anteile an Bariumcarbonat und Titan-IV-oxid erhalten werden, wenn der Mischung zuvor große Mengen an Natriumchlorid zugesetzt werden. Aus der flüssigen Schmelze kristallisiert bei Temperaturen von etwa 1000 °C das Bariumtitanat aus der Schmelze aus. Der erkaltete Schmelzkuchen wird dann mit Wasser ausgewaschen, wodurch die Salzreste aus diesem entfernt werden.

Bariumtitanat ist eine ferroelektrische Keramik mit hoher theoretischer Durchlässigkeit für elektrische Felder (Permittivität). Bei Temperaturen < 120 °C liegt Bariumtitanat in einer tetragonal verzerrten Modifikation vor, deren Elementarzelle daher ein Dipolmoment aufweist und die Polarisation (Ferroelektrizität) hervorruft. Oberhalb von 120 °C wandelt sich die Kristallstruktur in Richtung einer regulären Perowskit-Struktur um, deren Elementarzelle kein Dipolmoment mehr zeigt, weshalb der Kristall seine Ferroelektrizität verliert (von Hippel 1950). Die Gesamtheit der elektrischen Eigenschaften macht Bariumtitanat und die verwandten Perowskite zu geeigneten Werkstoffen für die Elektronik und Sensorik. Hierzu zählt auch der Einsatz als nichtlineares Dielektrikum in Keramikkondensatoren hoher Nennkapazitäten.

Titan-IV-oxidsulfat (TiOSO$_4$)-Monohydrat erhält man durch Reaktion von Titan-IV-oxid mit konzentrierter Schwefelsäure (Latscha und Mutz 2011):

$$TiO_2 + 2\,H_2SO_4 \rightarrow Ti(SO_4)_2 + 2\,H_2O$$

$$Ti(SO_4)_2 + 2\,H_2O \rightarrow TiOSO_4 * H_2O + H_2SO_4$$

Gemäß der oben stehenden Reaktionsgleichung entsteht das Monohydrat bei der Reaktion von Titan-IV-sulfat [Ti(SO$_4$)$_2$] mit Wasser (Wiberg et al. 2001). Titan-IV-chlorid ergibt bei der Umsetzung mit konzentrierter Schwefelsäure wasserfreies Titanylsulfat, wobei allerdings die so erhaltene, noch stark HCl-haltige Lösung mittels Erwärmen im Vakuum aufwändig von Chlorwasserstoff befreit werden muss (Brauer 1978, S. 1375):

$$TiCl_4 + H_2SO_4 + H_2O \rightarrow TiOSO_4 + 4\,HCl$$

Die Verbindung ist ein hydrolyseempfindlicher, weißer, geruchloser Feststoff, der in Wasser löslich ist. Im Kristallgitter des orthorhombischen kristallisierenden Titanylsulfats liegen endlose Ti-O-Ti-O-Zickzack-Ketten vor. Das Monohydrat lässt sich ab einer Temperatur von 350 °C entwässern, die sich wiederum oberhalb einer Temperatur von 500 °C aufwärts zersetzt. Man setzt Titanylsulfat als sehr empfindliches Nachweisreagenz für Wasserstoffperoxid, aber auch gelöstem Titan ein, da sich bei gleichzeitiger Anwesenheit beider Substanzen das orangegelb gefärbte Peroxotitanyl-Ion (TiO$_2$)$^{2+}$ bildet.

Titan-II-oxid (TiO) ist ein goldgelber Feststoff zum Teil stark schwankenden Sauerstoffgehalts der Dichte 4,95 g/cm^3, der bei einer Temperatur von 1770 °C schmilzt; die Schmelze siedet bei 3227 °C. Man gewinnt es durch Reduktion von Titan-IV-oxid mit Titan bei Temperaturen von 1600 °C (Brauer 1978, S. 1366):

$$Ti + TiO_2 \rightarrow 2\,TiO$$

Alternativ kann man Titan-IV-oxid mit Wasserstoffgas bei sehr hoher Temperatur (2000 °C) und extremem Druck (130 bar) herstellen (Cardarelli 2008). Die Verbindung wirkt stark reduzierend und reagiert mit Wasser unter Bildung von Wasserstoff (Singh 2007); dabei geht Titan-II gleichzeitig in Titan-IV über:

$$TiO + H_2O \rightarrow TiO_2 + H_2 \uparrow$$

Bei Raumtemperatur ist stöchiometrisch zusammengesetztes Titan-II-oxid ein metallischer Leiter, der monoklin kristallisiert (Wang und Kang 1998; Riedel und Janiak 2011, S. 792).

Verbindungen mit Halogenen Titan-III-chlorid (TiCl₃) bildet selbstentzündliche, violette Kristalle vom Schmelzpunkt 440 °C, die mit Oxidationsmitteln heftig reagieren und dessen wässrige Lösung ätzend wirkt. Man kann die Verbindung unter anderem durch Reduktion von Titan-IV-chlorid mit Titan oder aber durch Reaktion von Titan mit heißer Salzsäure erhalten (Brauer 1978, S. 1341):

$$3\,TiCl_4 + Ti \rightarrow 4\,TiCl_3$$

$$2\,Ti + 6\,HCl \rightarrow 2\,TiCl_3 + 3\,H_2 \uparrow$$

Titan-III-chlorid tritt in zwei verschiedenen Modifikationen auf. Das violette α-Titan-III-chlorid entsteht beim Durchleiten eines aus Titan-IV-chlorid und Wasserstoff bestehenden Gasgemisches durch ein auf eine Temperatur von 500 °C erhitztes Rohr als violettes Pulver. Es liegt in einer Bismuttriiodid-Schichtstruktur vor und disproportioniert bei Temperaturen über 475 °C zu Titan-IV- und Titan-II-chlorid.

Ein anderes Darstellungsverfahren, die Reduktion von Titan-IV-chlorid mit Aluminiumalkylen, liefert braunes, kristallines β-Titan-III-chlorid, das in der Zirkonium-III-iodid-Struktur auftritt. Bereits bei moderat erhöhter Temperatur wandelt sich das Produkt in inerten Lösemitteln in α-Titan-III-chlorid um.

Titan-III-chlorid setzt man für viele Reduktionsverfahren, als Ziegler-Natta-Katalysator und bei der reduktiven Bleiche von Textilien ein. Ferner findet es in der Volumetrie zur Bestimmung von Eisen-II, Chromat, Chloraten, Perchlorat und auch von Sauerstoff Verwendung.

Titan-IV-chlorid (TiCl₄) ist eine farblose, vor allem an feuchter Luft stark rauchende Flüssigkeit vom Schmelzpunkt −25 °C und Siedepunkt 136 °C. Man erzeugt es durch Umsetzung von Titan-IV-oxid mit Kohle und Chlor bei Temperaturen zwischen 700 °C und 1000 °C:

$$TiO_2 + 2\,C + 2\,Cl_2 \rightarrow TiCl_4 + 2\,CO$$

Die Verbindung hydrolysiert mit Wasser sehr heftig zu Titan-IV-oxid (fein verteilter Feststoff) und korrosiv-ätzend wirkendem Chlorwasserstoff; diese Reaktion findet schon bei Anwesenheit von Spuren an Feuchtigkeit statt. Titan-IV-chlorid setzt man daher in militärischen Nebelkampfstoffen ein. Dabei besteht eine erhebliche Gefahr des Einatmens des Rauchs bzw. Nebels, da der Chlorwasserstoffes Reizungen bzw. Verätzungen der Schleimhäute oder des Lungengewebes bewirken kann, die bis zur Bildung eines Lungenödems führen können.

Da Titan-IV-chlorid eine starke Lewis-Säure ist, dient es als Katalysator für die Ziegler-Natta-Synthese oder für Knoevenagel- und Mukaiyama-Michael-Reaktionen. Aus Titan-IV-chlorid sind, beispielsweise durch Umsetzung mit Grignard-Verbindungen, organische Titanverbindungen herstellbar.

Titan-IV-fluorid (TiF$_4$) stellt man durch Reaktion von Titan-IV-chlorid mit Fluorwasserstoff her (Brauer 1978, S. 1343):

$$TiCl_4 + 2\,H_2F_2 \rightarrow TiF_4 + 4\,HCl$$

Die Verbindung ist ein farbloses, stark wasseranziehendes Pulver mit einfacher Kristallstruktur (Säulen aus TiF$_6$-Oktaedern, Bialowons et al. 1995), das mit Wasser unter heftiger Hydrolyse reagiert und bei einer Temperatur von 284 °C sublimiert. Man setzt Titan-IV-fluorid zur Synthese von Glycosylfluoriden und Fluorhydrinen sowie nukleophilen Additionen an Aldehyde und Imine ein. Es dient aber auch als Katalysator für chemische Synthesen. Unter anderem prüfte man seine Verwendung in Zahncreme (Schlueter et al. 2007).

Titan-IV-bromid (TiBr$_4$) ist ein bernsteinfarbener Feststoff, der bei einer Temperatur von 38 °C schmilzt und bei 230 °C siedet. Es lässt sich durch mehrere gängige Reaktionen erzeugen, so aus den Elementen (I), aus Titan-IV-chlorid und Bromwasserstoff (II), aus Titan-IV-oxid, Kohle und Brom (III), aus Bor-III-bromid und Titan-IV-chlorid (IV) oder durch Umsetzung von Blei-II-bromid mit Titan bei hoher Temperatur (V):

$$(I) \quad Ti + 2\,Br_2 \rightarrow TiBr_4$$

$$(II) \quad TiCl_4 + 4\,HBr \rightarrow TiBr_4 + 4\,HCl$$

$$(III) \quad TiO_2 + 2\,C + 2\,Br_2 \rightarrow TiBr_4 + 2\,CO$$

$$(IV) \quad 3\,TiCl_4 + 3\,BBr_3 \rightarrow 3\,TiBr_4 + 4\,BCl_3$$

$$(V) \quad 2\,PbBr_2 + Ti \rightarrow 2\,Pb + TiBr_4$$

Titan-IV-bromid bildet bernsteingelbe, Kristalle oktaedrischer Struktur und ist stark hygroskopisch, wobei schnell eine hydrolytische Zersetzung zu Titan-IV-oxid und Bromwasserstoff erfolgt. Die Kristallstruktur entspricht der des Zinn-IV-iodids bzw. nach längerem Lagern der des Zinn-IV-bromids (Brauer 1978, S. 1348;

D'Ans und Lax 1997). Man verwendet es zur Erzeugung dünner Schichten von Titandisilicid auf Siliciumsubstraten.

Titan-IV-iodid (TiI4) ist ein rotbrauner Feststoff, der bei 150 °C schmilzt und bei 377 °C siedet. Man erhält es aus den Elementen [I, (Brauer 1978, S. 1350)], aus Aluminium-III-iodid und Titan-IV-oxid (II) bzw. aus Titan-IV-chlorid und Iodwasserstoff (III):

$$\text{(I)} \quad Ti + 2\,I_2 \rightarrow TiI_4$$

$$\text{(II)} \quad 3\,TiO_2 + 4\,AlI_3 \rightarrow 3\,TiI_4 + 2\,Al_2O_3$$

$$\text{(III)} \quad TiCl_4 + 4\,HI \rightarrow TiI_4 + 4\,HCl$$

Titan-IV-iodid bildet rotbraune Kristalle und raucht an der Luft. Es ist eine starke Lewis-Säure und bildet mit Lewis-Basen (z. B. mit Ethern und Aminen) stabile Addukte (Tornqvist und Libby 1979; Latscha und Klein 2002). Man verwendet es bei der chemischen Gasphasenabscheidung von Titannitridfilmen. Titan-IV-iodid ist ein kurzlebiges Zwischenprodukt bei der Herstellung von Reintitan im Van-Arkel-de-Boer-Verfahren.

Keramische Verbindungen (Titanborid, -carbid und -nitrid) Titanborid (TiB$_2$) stellt man durch Sintern eines festen Gemisches der beiden hochschmelzenden Elemente oder aber durch Zusammenschmelzen von Bor und Titan im Lichtbogenofen her (Kollenberg 2004). Alternativ kann man es durch Überleiten eines gasförmigen Gemisches aus Titan-III-chlorid, Bortribromid (BBr$_3$) und Wasserstoff über einen auf 1400 bis 1600 °C erhitzten Wolframdraht gewinnen. Das graue Titanborid (Schmelzpunkt °C, Siedepunkt °C) besitzt eine gute elektrische Leitfähigkeit und wird zusammen mit Bornitrid zur Produktion keramischer Verdampfungsschiffchen eingesetzt.

Titancarbid (TiC) schmilzt bei einer Temperatur von 3140 °C; die Schmelze siedet bei der hohen Temperatur von 4820 °C. Beim Erhitzen an der Luft ist es bis zu Temperaturen von 800 °C stabil (Briehl 2007). Die graue bis schwarze, silberglänzende, wasserunlösliche, sehr harte (7, 8) und brennbare (!) Verbindung kann auf verschiedene Weise dargestellt werden. Entweder erzeugt man es durch Überleiten von Methan über auf hohe Temperaturen erhitztes Titanmetall (I), durch Reaktion von Methan mit Titan-IV-chlorid in der Gasphase (II), durch Umsetzung von Titan-IV-oxid mit Kohle bei sehr hoher Temperatur (III) oder aber durch Synthese aus den Elementen (IV).

$$\text{(I)} \quad \text{Ti} + \text{CH}_4 \rightarrow \text{TiC} + 2\,\text{H}_2$$

$$\text{(II)} \quad \text{TiCl}_4 + \text{CH}_4 \rightarrow \text{TiC} + 4\,\text{HCl}$$

$$\text{(III)} \quad \text{TiO}_2 + 3\,\text{C} \rightarrow \text{TiC} + 2\,\text{CO}$$

$$\text{(IV)} \quad \text{Ti} + \text{C} \rightarrow \text{TiC}$$

Brauer beschreibt ein besonders elegantes Verfahren, das hochreines Titancarbid im Stile eines Aufwachsverfahrens liefert (Brauer 1978, S. 1378). Hierzu leitet man ein aus Titan-IV-chlorid, Tetrachlorkohlenstoff und Wasserstoff bestehendes Gasgemisch über auf Temperaturen von $> 1250\,^\circ\text{C}$ erhitzte Graphitstäbe:

$$\text{TiCl}_4 + \text{CCl}_4 + 4\,\text{H}_2 \rightarrow \text{TiC} + 8\,\text{HCl}$$

Ist Luft bei einer der genannten Synthesen zugegen, so entstehen zusätzlich auch gemischte Verbindungen wie Titancarbonitrid (TiCN) oder Titancarboxynitrid (TiOCN). Titancarbonitrid ist übrigens ein Mischkristall aus Titannitrid und Titancarbid, der die sehr große Härte des Titancarbids mit der chemischen Beständigkeit des Titannitrids (siehe unten) verbindet. Daher wird es oft zur Herstellung von Beschichtungen für Zerspanungswerkzeuge verwendet.

Titancarbid ist nur in Salpetersäure löslich. Es besitzt eine sehr gute elektrische Leitfähigkeit, die mit steigender Temperatur zunimmt. Ursache ist die nicht vollständig erreichbare stöchiometrische Zusammensetzung der Formel TiC, das Maximum ist $\text{TiC}_{0,98}$·(3, 5, 6). Man verwendet Titancarbid als Beschichtungsmaterial für Wendeschneidplatten, Sägeblätter, Fräswerkzeuge, Räumnadeln und Formwerkzeuge. Es verstärkt die Warmfestigkeit, Härte und Oxidationsbeständigkeit rost- und säurestabiler Stähle (Riedel und Janiak 2011, S. 788; Schatt et al. 2006).

Titannitrid (TiN) bildet goldgelbe Kristalle der Dichte 5,22 g/cm³, die erst bei einer Temperatur von 2950 °C schmelzen. Es ist in nahezu allen Lösungsmitteln unlöslich. Hinsichtlich seiner Härte wird es nur noch von Titancarbid übertroffen. Titannitrid ist dabei ein gutes Schleif- und Reibungsmittel, da es bei hoher Abrasivität kaum Verschleiß zeigt und auch kaum auf fremden Oberflächen haftet. Zudem leitet Titannitrid den elektrischen Strom und reflektiert Infrarotlicht stark. Nachteilig ist seine große Sprödigkeit.

Das keramische, sehr harte Material, das gelegentlich auch als Mineral von Meteoriten vorkommt [Osbornit (Nichols et al. 2001)] stellt man selten als Pulver oder keramische Formteile her, sondern nur in Form sehr dünner Beschichtungen. Man kann es bei Überleiten von Stickstoff über auf 1200 °C erhitzten Titanschwamm bei gleichzeitigem Ausschluss von Luftsauerstoff (I) oder durch Reduktion von Titan-IV-chlorid mit Ammoniak bei ebenfalls sehr hoher Temperatur (1000 °C und höher) (II) herstellen.

$$\text{(I)}\quad 2\,\text{Ti} + \text{N}_2 \rightarrow 2\,\text{TiN}$$

$$\text{(II)}\quad 4\,\text{TiCl}_4 + 6\,\text{NH}_3 \rightarrow 4\,\text{TiN} + 16\,\text{HCl} + \text{N}_2 + \text{H}_2$$

Sehr dünne Beschichtungen lassen sich zweckmäßig durch eine andere Reaktionsführung erzeugen. Eine durch Nitridierung, also Umsetzung von Titan mit Stickstoff gewonnene Schutzschicht besteht meist aus einer ca. 10 µm dicken Verbindungsschicht und einer 50–200 µm dicken Diffusionsschicht.

Die Umsetzung von Titan mit Stickstoff kann man in einer aus Kaliumcyanid und -carbonat zusammengesetzten Schmelze durchführen. Weiter kann die Nitridierung im cyanidhaltigen Wasserbad erfolgen (Tiduran®-Verfahren) oder bei sehr hohen Temperaturen und Drücken (Plasmanitridieren). Dünne Beschichtungen erzeugt man in der Gasphase aus Stickstoff, Wasserstoff und Titan-IV-chlorid:

$$2\,\text{TiCl}_4 + 4\,\text{H}_2 + \text{N}_2 \rightarrow 2\,\text{TiN} + 8\,\text{HCl}$$

Extrem dünne Schichten sind durch Sputtern von Titanoberflächen mit Edelgasatomen erzeugen (Martin 1994). Stickstoffatome aus der das Metall umgebenden Atmosphäre werden unter diesen Bedingungen nicht nur in die Oberfläche des Metalls eingebaut, sondern mit den äußersten Titanatomen der Oberfläche zur Reaktion gebracht. Je nach dem Stickstoffgehalt der Sputteratmosphäre bilden sich Titannitride unterschiedlicher Zusammensetzung, was sich in wechselnden Farben der Oberfläche als auch deren Härte äußert.

Anwendungen

Titan ist spröde und nicht sehr gut umformbar. Auf das Walzen von Titanblechen entfallen daher alleine die Hälfte aller Kosten des – teuren – Produktes. Titanmetall und seine Legierungen bezeichnet man in der Regel mit den amerikanischen Standardgrades ASTM von 1 bis 35. Reines Titan wird dabei mit den Grades 1 bis 4 bezeichnet, je nach Reinheitsgrad.

Oft wird Titan mit 6 Gew.-% Aluminium und 5 Gew.-% Vanadium legiert, um es für den Einbau in Motoren und Turboladern einsetzbar zu machen (ASTM-Grade 5). Des Weiteren verwendet man Legierungen aus Titan mit Aluminium (6 Gew.-%), Zinn (2 Gew.-%), Zirkonium (4 Gew.-%) und Molybdän (2 bis 6 Gew.-%).

Titan verleiht Stahl schon bei Beimengung in niedrigsten Konzentrationen (Anteil: 0,01 bis 0,1 Gew.-%) eine hohe Festigkeit, Zähigkeit, aber auch und Duktilität. Titan ist in nichtrostenden Stählen eine ganz wesentliche Komponente zur Korrosionsinhibierung.

Seine hohe Beständigkeit gegenüber Korrosion macht es vor allem geeignet für Anwendungen, bei denen das betreffende Metall oder seine Legierung in Kontakt mit Seewasser kommen. Hierzu gehören Ventile und Pumpenschaufeln in Meerwasserentsalzungsanlagen oder Bestandteile von Legierungen, die in Schiffsschrauben eingebaut werden. In Seekabeln ist es in Elektroden enthalten; ebenso in Tauchermessern.

Ebenso führt die hohe Festigkeit von Titan und seinen Legierungen zu vielen Anwendungen, beispielsweise in chirurgischen Implantaten (Schrauben, Platten zur Stabilisierung von Knochen, Prothesen für Hüft- und Kniegelenke) für die Allgemeinmedizin und die Zahnheilkunde. Grund ist die hohe Stabilität gegenüber Korrosion, die Titan von vielen anderen Metallen unterscheidet. Vorteilhaft dabei ist auch, dass Titan keine allergischen Reaktionen hervorruft. In der Zahnmedizin bevorzugt man es als Material für Zahnkronen und -brücken, da es neben seinen vorteilhaften physikalischen Eigenschaften deutlich billiger als Gold ist. Auch die HNO-Chirurgie setzt Titan als Werkstoff für Prothesen von Gehörknöchelchen und Paukenröhrchen ein. Schließlich werden Titanclips als Material für Aneurysma-Operationen gegenüber solchen aus Edelstahl bevorzugt eingesetzt.

Ebenso findet man Titan und seine Legierungen in mechanisch und chemisch stark beanspruchten Konstruktionsteilen wie Achsfedern von Kraftfahrzeugen, im Flugzeugbau im Chassis und Triebwerksteilen sowie auch in Dampfturbinen von Kraftwerken, schließlich auch in Schwimmern zur Niveauanzeige von Flüssigkeiten.

Die hohe Festigkeit des Metalls nutzt man auch in Zeltheringen, im Kopf von Golfschlägern, in Rahmen von Tennis- und Lacrosse-Schlägern, in Eisschrauben für das Bergsteigen und, legiert mit Aluminium und Vanadium, in Schrauben für teure Fahrräder. Aus Titan fertigt man beständige Gehäuse für Ultrahochvakuumpumpen, und es ist ebenso in schusssicheren Westen enthalten. Titandraht findet sich anstelle von V2A-Stahl zunehmend in Heizdrähten elektrischer Zigaretten.

Sein geringes spezifisches Gewicht, verbunden mit großer Härte, macht das Metall interessant für den Gehäusebau von Notebooks führender Hersteller.

Nitinol (Legierung aus Nickel und Titan) ist stark pseudo-elastisch und nimmt eine zuvor eingenommene Form wieder ein („Formgedächtnis"); daher setzt man sie in Brillengestellen und Exstirpationsnadeln ein, des Weiteren in Uhren, Münzen und Schmuck. Bei der verbreitet angewandten anodischen Oxidation von Aluminium (Eloxal-Verfahren) ist es Material für das Trägergestell.

Titandotierte Saphir-Einkristalle sind Quellen für Laserlicht, das sehr kurzzeitige Pulse aussendet.

Niob-Titan-Legierungen sind teilweise supraleitend und finden in Elektromagneten (DESY) Anwendung.

Die bereits oben beschriebenen Verbindungen Titanborid, -carbid und -nitrid setzt man als harte keramische Werkstoffe ein.

5.2 Zirkonium

Symbol:	Zr		
Ordnungszahl:	40		
CAS-Nr.	7440-67-7		
Aussehen	Silbrigweiß glänzend	Zirkonium, Stange (Dschwen material-scientist 2006)	Zirkonium, Pulver (Sicius 2015)
Entdecker, Jahr	Klaproth (Preußen), 1789 Berzelius (Schweden), 1824		
Wichtige Isotope [natürliches Vorkommen (%)]	Halbwertszeit (a)	Zerfallsart, -produkt	
$^{90}_{40}$Zr (51,45)	Stabil	----	
$^{91}_{40}$Zr (11,22)	Stabil	----	
$^{92}_{40}$Zr (17,15)	Stabil	----	
$^{94}_{40}$Zr (17,38)	Stabil	----	
Massenanteil in der Erdhülle (ppm)	210		
Atommasse (u)	91,224		
Elektronegativität (Pauling ♦ Allred&Rochow ♦ Mulliken)	1,33 ♦ K. A. ♦ K. A.		
Normalpotential: $ZrO_2 + 4\,H^+ + 4\,e^- \rightarrow Zr + 2\,H_2O$ (V)	−1,55		
Atomradius (pm)	155		
Van der Waals-Radius (pm)	Keine Angabe		
Kovalenter Radius (pm)	148–175 (mehrere Quellen)		
Ionenradius (Zr^{4+}, pm)	87		

Elektronenkonfiguration	[Kr] $4d^2\ 5s^2$
Ionisierungsenergie (kJ/mol), erste ♦ zweite ♦ dritte ♦ vierte	640 ♦ 1270 ♦ 2218 ♦ 3313
Magnetische Volumensuszeptibilität	$1,1 * 10^{-4}$
Magnetismus	Paramagnetisch
Kristallsystem	Hexagonal ($<867\,°C$), darüber kubisch-raumzentriert
Elektrische Leitfähigkeit([A/(V * m)], bei 300 K)	$2,36 * 10^7$
Elastizitäts- ♦ Kompressions- ♦ Schermodul (GPa)	88 ♦ 91 ♦ 33
Vickers-Härte ♦ Brinell-Härte (MPa)	820-1800 ♦ 638-1880
Mohs-Härte	5
Schallgeschwindigkeit (longitudinal, m/s, bei 298,15 K)	4650 (longit.), 2250 (transv.)
Dichte (g/cm³, bei 273,15 K)	6,50
Molares Volumen (m³/mol, im festen Zustand)	$14,02 \cdot 10^{-6}$
Wärmeleitfähigkeit [W/(m * K)]	22,7
Spezifische Wärme [J/(mol * K)]	25,36
Schmelzpunkt (°C ♦ K)	1857 ♦ 2130
Schmelzwärme (kJ/mol)	16,9
Siedepunkt (°C ♦ K)	4377 ♦ 4650
Verdampfungswärme (kJ/mol)	591

Vorkommen Der Name des Zirkoniums ist vom Zirkon abgeleitet, der das am häufigsten vorkommende Zirkoniummineral ist. Zirkon [Zirkoniumsilikat ($ZrSiO_4$)] ist seit der Antike als Schmuckstein bekannt, sehr hart, schmilzt bei der sehr hohen Temperatur von 2550 °C und wird, da es praktisch seit Entstehung der Erde existiert, anhand des in ihm enthaltenen Urans und Thoriums zur radiometrischen Altersbestimmung eingesetzt. Mit einer Dichte von 6,5 g/cm³ ist Zirkonium ein Schwermetall, das sehr korrosionsbeständig ist. Es hat keine bisher bekannte biologische Wirkung und ist nicht toxisch (Holleman et al. 2007, S. 1533).

In der Erdkruste kommt es relativ häufig vor; es steht mit einem Gehalt von rund 0,016 % (Breuer 2000) an achtzehnter Stelle aller Elemente (Greenwood und Earnshaw 2000), womit sein Gehalt z. B. höher ist als der des Chlors (!). Die Vorkommen von Verbindungen des Zirkoniums sind aber oft sehr verstreut; darüber hinaus findet man es in seinen Lagerstätten in nur geringen Konzentrationen. Meist ist es Begleiter silikatischer Gesteine und findet sich darin als Zirkon ($ZrSiO_4$), Baddeleyit (ZrO_2), aber auch in Form seltenerer Minerale, beispielsweise dem roten Eudialyt [$Na_4(CaCeFeMn)_2ZrSi_6O_{17}(OHCl)_2$]. Fast immer kommt es mit dem chemisch stark verwandten Hafnium vergesellschaftet vor.

Zirkonium gewinnt man in der Regel aus sekundären Lagerstätten, die durch Verwitterung des umgebenden Gesteins entstehen und den Zirkon übrig lassen. Primäre Lagerstätten, wo Zirkoniumminerale in reiner Form vorkommen, sind für die technische Herstellung des Metalls und seiner Verbindungen dagegen bedeutungslos.

Die wichtigsten Lagerstätten befinden sich in den USA, Brasilien, China, Australien und Südafrika. Die Reserven an Zirkoniummineralen schätzt man auf rund 40 Mio. t, bei einer gleichzeitigen jährlichen Förderung von rund 1,5 Mio. t. Australien steuert hierzu etwa die Hälfte bei; Südafrika und China jeweils ein Zehntel. Von dieser Gesamtmenge wird nur ein einstelliger Prozentsatz zum Metall bzw. dessen Legierungen verarbeitet (Bedinger 2015; Audi et al. 2003). Zuletzt fielen die Preise für Zirkon (2013: ca. US\$1050/t).

Gewinnung Berzelius konnte 1824 erstmals Zirkonium durch Reduktion von Kaliumhexafluorozirkonat-IV (K_2ZrF_6) mit Kalium in einem Eisenrohr darstellen:

$$4\,K + K_2ZrF_6 \rightarrow 6\,KF + Zr$$

Auswaschen des so erhaltenen Schmelzkuchens mit Wasser, Trocknen und Auflösen in verdünnter Salzsäure ergab ein schwarzes Pulver, das sich bei näherer Untersuchung als Metall erwies (Prechtl 1826). Damals war noch nicht bekannt, dass natürlich vorkommendes Zirkonium auch immer einige Prozent Hafnium enthält. Die ersten Messungen lieferten daher immer zu hohe Atommassen (Hönigschmied et al. 1924).

Zirkon wird zuerst zu Zirkonium-IV-oxid (ZrO_2) aufgeschlossen und dazu mit Natriumhydroxid geschmolzen. Dazu wird es mit Kohle im Lichtbogen zunächst zu Zirkoniumcarbonitrid umgesetzt, das danach mit Chlor bei Temperaturen von etwa 900 °C zu Zirkonium-IV-chlorid umgewandelt:

$$ZrO_2 + 2\,C + 2\,Cl_2 \rightarrow ZrCl_4 + 2\,CO$$

Unter Schutzgasatmosphäre reduziert man Zirkonium-IV-chlorid schließlich mit Magnesium zu elementarem Zirkonium (Kroll-Prozess):

$$ZrCl_4 + 2\,Mg \rightarrow Zr + 2\,MgCl_2$$

Zur Herstellung reinen Zirkoniums erhitzt man das rohe Metall im abgeschlosse-
nen Gefäß mit Iod auf eine Temperatur von ca. 200 °C, worauf sich Zirkonium-IV-
iodid (ZrI_4) bildet. Dieses wird durch Erhitzen des Kolbens verdampft und zersetzt
sich an einem auf 1300 °C erhitzten, in den Gasraum des Kolbens hineinragenden
Draht zu reinem Zirkonium. Iod wird frei und kann mit weiterem Rohzirkonium
reagieren (Van Arkel-De Boer-Verfahren).

Die homologen, in ihrer Gruppe direkt untereinanderstehenden Elemente Zirkonium und Hafnium sind auf einfache chemische Art nicht zu trennen. Auch das
nach dem Van Arkel-De Boer-Verfahren erzeugte, hochreine Zirkonium enthält
immer noch kleine Mengen Hafnium. Anwendungen der beiden Metalle in Kernreaktoren erfordern aber, dass jedes vom anderen nur noch Spuren enthält. Zur
Trennung zieht man zum Beispiel Extraktionsverfahren heran, bei denen man die
voneinander abweichende Löslichkeit der Verbindungen beider Elemente ausnutzt,
zum Beispiel die der jeweiligen Thiocyanate und deren unterschiedliche Löslichkeit in Methylisobutylketon. Weitere Methoden sind die Trennung durch mit Che-
latgruppen ausgerüstete Ionenaustauscherharze oder die fraktionierte Destillation
flüchtiger Verbindungen beider Metalle.

Eigenschaften

Physikalische Eigenschaften Zirkonium ist ein silbrig bis stahlgrau glänzendes
Schwermetall (Dichte 6,50 g/cm³ bei 25 °C). Unterhalb einer Temperatur von
870 °C kristallisiert es hexagonal-dichtest (α-Zirkonium); bei höherer Temperatur
kristallisiert es im Wolfram-Typ (kubisch-innenzentriertes β-Zirkonium).

Das Metall ist im reinen Zustand ziemlich weich und biegsam, lässt sich daher
gut durch Walzen, Schmieden und Hämmern verarbeiten. Schon kleine Verunreinigungen von Wasserstoff, Kohlenstoff oder Stickstoff machen es aber spröde und
hart, wodurch es wesentlich schwerer zu behandeln ist. Hinsichtlich seiner elektrischen Leitfähigkeit steht es deutlich hinter der anderer Metalle zurück; so beträgt
sie nur 4 % derjenigen des Kupfers, ist aber noch besser als die des leichteren
Homologen Titan. Immerhin leitet Zirkonium die Wärme gut. Supraleitend wird es
erst unterhalb einer Temperatur von −272,6 °C (0,55 K).

Die Lanthanoidenkontraktion bewirkt unter anderem, dass die Eigenschaften
des Zirkoniums und die des schwereren Homologen Hafnium sich stark ähneln;
die Atom- und Ionenradien sind nahezu identisch. Nur hinsichtlich der Dichten
ist der Unterschied sehr deutlich; die Dichte des Hafniums ist ungefähr doppelt so
groß wie die des Zirkoniums (Zr: 6,5 g/cm³, Hf: 13,3 g/cm). Ebenso ist der Ein-

fangquerschnitt für Neutronen beim Zirkonium, ganz im Gegensatz zu dem des Hafniums, sehr niedrig, was es für Bauelemente in Kernreaktoren sehr interessant macht. Seine aufwändige Trennung vom Hafnium ist daher erforderlich.

Chemische Eigenschaften Zirkonium ist relativ unedel und reagiert vor allem bei erhöhter Temperatur mit zahlreichen Nichtmetallen. In feinverteiltem Zustand verbrennt es mit grell leuchtender, weißer Flamme zu Zirkonium-IV-oxid, bei Gegenwart von Luftstickstoff auch zu Zirkoniumnitrid und -oxinitrid. Das kompakte Metall ist wesentlich beständiger und setzt sich erst bei hoher Temperatur mit Sauerstoff und Stickstoff um (Holleman et al. 2007, S. 1533). Beim Lagern an der Luft überziehen sich Stücke des Metalls mit einer sehr dünnen, passivierend wirkenden Schicht, die derart schützend ist, dass sich Zirkonium bei Raumtemperatur nur in Flusssäure und Königswasser löst, nicht aber in den „herkömmlichen" Mineralsäuren Salz-, Schwefel und Salpetersäure. In Basen ist es nicht löslich.

Verbindungen

Mehrheitlich tritt Zirkonium in seinen Verbindungen in der Oxidationsstufe $+4$ auf, aber auch die Oxidationsstufen von $+3$ bis -2 sind sämtlich bekannt, auch wenn sie nur in Einzelfällen vorkommen.

Verbindungen mit Chalkogenen Die wichtigste Verbindung des Elements überhaupt ist *Zirkonium-IV-oxid (ZrO$_2$)*, das ein sehr stabiler, hochschmelzender [2680 °C, Siedepunkt extrapoliert: 5000 °C(!)], weißer Feststoff der Dichte 5,7–6,1 g/cm^3 ist. Man verwendet es zur Herstellung feuerfester Beschichtungen und Auskleidungen in Öfen und Tiegeln, es muss aber für diesen Zweck mit Magnesium-, Calcium- bzw. Yttriumoxid (Lamas und Walsöe de Reca 2000) vermengt und gesintert werden. Ein mit Aluminiumoxid gesintertes Zirkonium-IV-oxid nutzt man ebenfalls als keramischen Werkstoff, der bei besonders hohen Temperaturen eingesetzt werden kann.

Das chemische Verhalten des Oxids hängt stark von seiner thermischen Vorbehandlung ab. Kalt oder nach leichtem Erhitzen löst es sich zügig in Mineralsäuren, nach starkem Erhitzen nur noch in Fluss- und in konzentrierter Schwefelsäure. Man kann es gut durch Schmelzen mi starken Alkalien (zum Beispiel Natriumhydroxid) aufschließen, wobei sich dann Zirkonate-IV bilden (Brauer 1978, S. 1370).

Kristalle des Zirkonium-IV-oxids sind farblos und weisen einen hohen Brechungsindex auf. Daher dienen geschliffene Kristalle als Schmuckstein und auch, als Ersatz für Diamanten, als Schleifmittel. Seltener verwendet man die Verbindung als Weißpigment.

Die oben genannte Sinterung zusammen mit Yttriumoxid wirkt sich schon bei niedrigen Gehalten an Yttriumoxid aus. Das Kristallgitter des Zirkonium-IV-oxids kann man dadurch in einer verzerrten Fluorit-Struktur einfangen, so dass es oberhalb einer Temperatur von 300 °C als Leiter von Oxidionen fungiert. Dieses Wirkprinzip macht man sich in den in den Katalysatoren für Verbrennungsmotoren eingebauten Lambdasonden zunutze (Hering 2012; Friese und Grünwald 1990). Höhere Gehalte (ca. 15 %) an Yttriumoxid bewirken, dass das auf 1000 °C erhitzte Mischoxid ein sehr helles Licht ausstrahlt (Nernst-Lampe).

In Keramiken für Zahnimplantate und in Ersatzgelenken (Knie, Hüfte) finden sich zunehmend ebenfalls Keramiken auf Basis von Zirkonium- und Yttriumoxid (Werner 2009), da sie extrem bruchfest und Gold sowie anderen Edelmetallen preislich wie technisch überlegen sind. Auch in Kugellagern verwendet man immer häufiger aus diesem Grund keramische Werkstoffe auf Grundlage von Zirkonium-IV-oxid.

Verbindungen mit Halogenen Mit den Halogenen Fluor, Chlor, Brom und Iod bildet Zirkonium viele Verbindungen. Am stabilsten sind die Tetrahalogenide ZrX_4 (X = Halogenidion), aber das Element kann in diesen Verbindungen auch in niedrigeren Oxidationszahlen auftreten.

Zirkonium-IV-fluorid (ZrF_4) kann man durch Umsetzung von Zirkonium-IV-chlorid mit Fluorwasserstoff oder von Zirkonium-IV-oxid mit Flusssäure gewinnen (Brauer 1975, S. 260):

$$ZrCl_4 + 2\,H_2F_2 \rightarrow ZrF_4 + 4\,HCl \qquad\qquad ZrO_2 + 2\,H_2F_2 \rightarrow ZrF_4 + 2\,H_2O$$

Zirkonium-IV-fluorid ist ein weißer, schwer in Wasser löslicher, lichtbrechender Feststoff, der bei 910 °C schmilzt. In heißem Wasser hydrolysiert es zu basischem Zirkoniumfluorid und schließlich zum Zirkonium-IV-oxid. Die wasserfreie Verbindung kristallisiert in mehreren Strukturen, von denen die monoklin β-Form die stabilste ist (Mompean et al. 2005; Legein et al. 2006; Blachnik 2008; Papiernik 1982); das Monohydrat kristallisiert tetragonal (Housecroft 2005) und das Trihydrat triklin (Davidovich et al. 2010; Kojić-Prodić 2010). Man verwendet es in optischen Gläsern, vor allem in solchen für die Infrarotspektroskopie, sowie auch als Bestandteil von Kernbrennstoffen (Rees 2008; Cacuci 2010).

Zirkonium-III-fluorid (ZrF_3) kann man durch Reaktion von mit Wasserstoff gesättigtem, fein verteiltem Zirkonium mit einer aus Fluorwasserstoff und Wasserstoff bestehenden Gasmischung bei Temperaturen um 750 °C darstellen (Brauer 1978, S. 259):

$$2\,Zr + 3\,H_2F_2 \rightarrow 2\,ZrF_3 + 3\,H_2$$

Alternativ reduziert man Ammoniumhexafluorozirkonat-IV mit Wasserstoff bei Temperaturen um 650 °C (Ehrlich et al. 1964). Die Verbindung ist ein bläulich-grauer Feststoff, der thermisch bis zum bei 300 °C liegenden Schmelzpunkt stabil ist. ZrF_3 ist an der Luft einigermaßen stabil, schwer löslich in heißem Wasser, leicht löslich in heißen Säuren, aber unlöslich in Natronlauge und Ammoniaklösung.

Zirkonium-IV-chlorid (ZrCl₄) ist ein weißer, hydrolyseempfindlicher Feststoff, der bereits bei einer Temperatur von 331 °C sublimiert. Man kann die Verbindung durch Umsetzung von Zirkonium-IV-oxid mit Kohle und Chor im elektrischen Lichtbogenofen erzeugen (I), ebenso aus den Elementen bei 650 °C (II) oder durch Umsetzung elementaren Zirkoniums mit Blei-II-chlorid bei einer Temperatur von 500 °C (II):

$$(I) \quad ZrO_2 + 2\,C + 2\,Cl_2 \rightarrow ZrCl_4 + 2\,CO$$

$$(II) \quad Zr + 2\,Cl_2 \rightarrow ZrCl_4$$

$$(III) \quad Zr + 2\,PbCl_2 \rightarrow ZrCl_4 + 2\,Pb$$

Das in einer Polymerstruktur kristallisierende Zirkonium-IV-chlorid setzt man zur Herstellung von *Zirkonylchlorid (ZrOCl₂)* sowie organischen Zirkoniumverbindungen ein, des Weiteren als Katalysator bei Friedel-Crafts-Reaktionen sowie Polymerisationen von Olefinen und Epoxiden. Schließlich ist es, wie auch Zirkonium-IV-bromid und -iodid, mögliches Zwischenprodukt bei der Herstellung von Reinstzirkonium nach dem Kroll-Verfahren.

Das weiße, bei einer Temperatur von ≥ 450 °C (unter Druck) schmelzende, bei 357 °C unter Normaldruck sublimierende *Zirkonium-IV-bromid (ZrBr₄)* gewinnt man durch Umsetzung von Zirkonium mit Brom bei ca. 400 °C (I); ebenso ist auch die Herstellung aus Zirkonium-IV-oxid, Kohle und Brom möglich (II):

$$(I) \quad Zr + 2\,Br_2 \rightarrow ZrBr_4$$

$$(II) \quad ZrO_2 + 2\,C + 2\,Br_2 \rightarrow ZrBr_4 + 2\,CO$$

Die Verbindung ist sehr hydrolyseempfindlich und zersetzt sich mit Wasser schon bei Raumtemperatur vollständig.

Verbindungen mit weiteren Hauptgruppenelementen Zirkoniumcarbid (ZrC) ist ein extrem hochschmelzender (3540 °C) und siedender Stoff (5100 °C) relativ hoher Dichte (6,73 g/cm^3). Man stellt es analog zu Titancarbid aus Zirkonium-IV-oxid und Kohle bei sehr hoher Temperatur her (Brauer 1978, S. 1387):

$$ZrO_2 + 3C \rightarrow ZrC + 2\,CO$$

Die Synthese aus den Elementen ist oberhalb von Temperaturen von 2000 °C auch möglich. Bei diesen Temperaturen muss auf Ausschluss von Stickstoff geachtet werden, da sich sonst Zirkoniumcarbonitrid bildet. Eine elegante, aber sehr aufwändige Herstellungsmethode ist die aus Zirkonium-IV-chlorid und Methan (Pierson 1999):

$$ZrCl_4 + CH_4 \rightarrow ZrC + 4\,HCl$$

Zirkoniumcarbid ist ein geruchloses, graues, nahezu wasserunlösliches Pulver. In kompaktem Zustand ist es hart (Pierson 1996). Es löst sich nicht in Salz- und Schwefelsäure, wohl aber in Salpetersäure. Beim Erhitzen auf Temperaturen von etwa 1000 °C verbrennt es bei Luftzutritt. Mit Halogenen reagiert es bereits bei nicht allzu hoher Temperatur (250 °C) zu den Zirkonium-IV-halogeniden (Perry 2011). Im Gegensatz zum verbreitet verarbeiteten Titancarbid findet man Zirkoniumcarbid nur in Beschichtungen für Brennstoffe in Kernreaktoren.

Zirkoniumnitrid (ZrN) ist ein gelber bis brauner, geruchloser, hochschmelzender (2980 °C) Feststoff uneinheitlicher Zusammensetzung, der im kubischen Gitter kristallisiert (Martienssen und Warlimont 2005). Man stellt es nach demselben Verfahren her, wie es für die Produktion von Titannitrid beschrieben ist (Brauer 1978, S. 1379). Eine andere Methode geht von ZrCl$_4$ aus, das man bei sehr hoher Temperatur mit einem Gemisch aus Wasserstoff, Stickstoff und Ammoniak umsetzt. Eine gezielte Herstellung einzelner Phasen ist vor allem aus Zirkonium-IV-iodid und Ammoniak bei ca. 700 °C möglich, da sich dann zunächst braunes Zr$_3$N$_4$ bildet, bei demgegenüber etwas erhöhter Temperatur (750 °C) blaues Zirkoniumnitrid Zr$_x$N (x = 0,94–0,81), und oberhalb 1000 °C elektrisch leitendes, gelbes der Formel ZrN. Die Umsetzung von aus Zirkonium bestehenden Drähten mit reinem Stickstoff liefert bei Temperaturen um 1800 °C nur brüchiges Zirkoniumnitrid. Man verwendet es als sehr hartes Material für Beschichtungen (Kienel 1997; Kalpakijan et al. 2011).

Verbindungen mit weiteren Hauptgruppenelementen Zirkoniumsilikat (ZrSiO$_4$) ist die in der Natur häufigste Verbindung des Elementes, ist damit auch die bedeutendste Rohstoffquelle und wird darüber hinaus als Schmuckstein verwendet.

Zirkonium-IV-sulfat-tetrahydrat gewinnt man durch Reaktion von Zirconiumoxidchlorid mit Schwefelsäure. Das wasserfreie Salz (Anhydrat) erhält man durch

Abrauchen des Tetrahydrates bzw. des Zirkoniumoxidchlorides mit konzentrierter Schwefelsäure.Das Tetrahydrat kristallisiert orthorhombisch und lässt sich durch Erhitzen auf Temperaturen von 380 °C vollständig zum Anhydrat entwässern, das mikrokristallin und sehr hygroskopisch ist. Ebenso kennt man höhere Hydrate (Bear und Mumme 1969).

An organischen Verbindungen sind die *Zirkonocene* (an Gruppen wie Cyclopentadienyl koordinativ gebundenes Zirkonium) zu nennen, die man als Katalysator bei der Polymerisation von Alkenen einsetzt, meist für die Produktion von Polypropylen. Von diesen Zirkonocenen leitet sich das „Schwartz-Reagenz" ab [Cp_2ZrHCl (Cp = Cyclopentadienyl)], das die reduktive Umwandlung von Alkenen in Alkohole oder Halogenkohlenwasserstoffe katalysiert.

Kaliumhexafluoridozirkonat-IV (K_2ZrF_6) setzt man zur Trennung des Zirkoniums von Hafnium ein. Zirkoniumsalze finden in Kombination mit Alaunen bei der Weißgerbung von Fellen Verwendung, das basisch reagierende Zirkoniumcarbonat als ein möglicher Füllstoff in der Papierindustrie. Keramiken aus Blei-Zirkonat-Titanat sind in Piezoelementen enthalten.

Anwendungen

Die Hüllen von Uran-Brennelementen bestehen zu 90 % aus Zirkonium, dies neben Zinn, Eisen, Nickel und/oder Chrom. Der Grund ist der schon erwähnte geringe Einfangquerschnitt für thermische Neutronen bei gleichzeitig großer Beständigkeit gegen Korrosion. Für diese Anwendung ist es unbedingt erforderlich, das das Zirkonium stets begleitende Hafnium völlig abzutrennen. Diese Stabilität gegenüber Korrosion führt auch dazu, dass es in großem Umfang in chemischen Anlagen (Ventile, Pumpengehäuse, Rohre und Wärmeaustauscher) eingebaut wird. Ebenso ist es Bestandteil in chirurgischen Instrumenten.

Zirkonium dient als Gettermaterial in Glühlampen und Vakuumanlagen zur Aufrechterhaltung des Vakuums, da es Sauerstoff und Stickstoff bei sehr hoher Temperatur chemisch völlig bindet. Es sendet beim Verbrennen ein gleißendes Licht aus; daher verwendete man es als rauchloses Blitzlichtpulver (eine Eigenschaft, die Magnesiumpulver nicht besitzt). In Spezial- und Streumunition verwendet, erzeugt es beim Aufprall auf Metalloberflächen einen Funkenregen.

Zirkonium-Niob-Legierungen nutzte man in früherer Zeit wegen ihrer Supraleitfähigkeit auch in starken Magnetfeldern; sie sind inzwischen aber von anderen Stoffen verdrängt worden.

Analytik Qualitativ ist Zirkonium über seinen rotvioletten Komplex nachweisbar, den es mit Alizarinrot-S im sauren Milieu bildet. Die Zugabe von Fluoridionen führt zur sofortigen Entfärbung, da unter diesen Bedingungen der Hexafluorozirkonat-Komplex entsteht. Für den Nachweis von Zirkonium in Erzen und Mineralien ist diese Farbreaktion ungeeignet, da bereits Spurenkonzentrationen von Fluoridionen stören (Jander und Blasius 1990, S. 130).

Mit anderen Farbindikatoren wie Oxin, Kupferron oder Xylenolorange bildet Zirkonium ebenfalls farbige Komplexe, diese Reaktionen sind jedoch nicht sehr selektiv. Quantitativ weist man das Element durch Fällung des Hydroxids nach, das man durch Zugabe von Ammoniakwasser zu wässrigen Lösungen von Zirkonium-IV-Salzen erzeugt und anschließend zum wägefähigen Zirkonium-IV-oxid glüht. Selbstverständlich stehen auch hier AAS oder MS zur Verfügung.

5.3 Hafnium

Symbol	Hf		
Ordnungszahl	72		
CAS-Nr.	7440-58-6		
Aussehen	Stahlgrau	Hafnium, Stange (Whitby 2003)	Hafnium, Scheibe (Sicius 2015)
Entdecker, Jahr	Hevesy und Jantzen (Dänemark) 1923		
Wichtige Isotope [natürliches Vorkommen (%)]	Halbwertszeit (a)	Zerfallsart, -produkt	
$^{176}_{72}$Hf (5,3)	Stabil	----	
$^{177}_{72}$Hf (18,7)	Stabil	----	
$^{178}_{72}$Hf (27,3)	Stabil	----	
$^{179}_{72}$Hf (13,6)	Stabil	----	
$^{180}_{72}$Hf (35,1)	Stabil	----	
Massenanteil in der Erdhülle (ppm)	4,2		
Atommasse (u)	178,49		
Elektronegativität (Pauling ♦ Allred&Rochow ♦ Mulliken)	1,3 ♦ K. A. ♦ K. A.		

Normalpotential: $HfO_2 + 4\,H^+ + 4\,e^- > Hf + 2\,H_2O$ (V)	$-1,51$
Atomradius (berechnet) (pm)	155 (208)
Van der Waals-Radius (pm)	Keine Angabe
Kovalenter Radius (pm)	150
Ionenradius (Hf^{4+}, pm)	84
Elektronenkonfiguration	[Xe] $4f^{14}\,5d^2\,6s^2$
Ionisierungsenergie (kJ/mol), erste ♦ zweite ♦ dritte ♦ vierte	659 ♦ 1440 ♦ 2250 ♦ 3216
Magnetische Volumensuszeptibilität	$7,0 * 10^{-5}$
Magnetismus	Paramagnetisch
Kristallsystem	Hexagonal
Elektrische Leitfähigkeit([A/(V * m)], bei 300 K)	$3,12 * 10^6$
Elastizitäts- ♦ Kompressions- ♦ Schermodul (GPa)	78 ♦ 110 ♦ 30
Vickers-Härte ♦ Brinell-Härte (MPa)	1520–2060 ♦ 1450–2100
Mohs-Härte	5,5
Schallgeschwindigkeit (longitudinal, m/s, bei 293,15 K)	3010
Dichte (g/cm³, bei 298,15 K)	13,28
Molares Volumen (m³/mol, im festen Zustand)	$13,44 * 10^{-6}$
Wärmeleitfähigkeit [W/(m * K)]	23
Spezifische Wärme [J/(mol * K)]	25,73
Schmelzpunkt (°C ♦ K)	2233 ♦ 2506
Schmelzwärme (kJ/mol)	25,5
Siedepunkt (°C ♦ K)	4603 ♦ 5876
Verdampfungswärme (kJ/mol)	648

Vorkommen Hafnium ist ein Schwermetall, das Zirkonium chemisch sehr ähnlich ist und dieses in dessen Mineralien (Zirkon) oft begleitet. Es ist in der Erdkruste mit einem Anteil von 5,8 ppm nur in Form seiner Verbindungen enthalten und kommt damit auch mengenmäßig nicht häufig vor. In Zirkon ersetzt es in der Regel 1–4 % des Zirkoniums, wobei der Hafniumgehalt in seltenen Fällen den des Zirkoniums auch übertreffen kann [„Hafnon", $(Hf, Zr)SiO_4$) bzw. Alvit] (Deer et al. 1982; Lee 1928).

Die wichtigste Quelle von Zirkonium – und damit automatisch auch von Hafnium – sind schwere Mineralsande mit den Hauptbestandteilen Rutil (TiO_2) und Ilmenit ($FeTiO_3$), die vor allem in Brasilien und Malawi vorkommen (Gambogi 2011).

Ebenso enthalten in Australien (Mount Weld bzw. Dubbo) gefundene Karbonat- oder Tuffgesteine Zirkonium und damit auch Hafnium. Es gab in der Vergangenheit Schätzungen, die ein baldiges Erschöpfen der aktuell bekannten Reserven von Hafnium vorhersagten. Da aber Hafnium auch fast immer ein Begleiter des Zirkoniums ist, sollte es durch Anwendung geeigneter Trennverfahren möglich sein, die geringe Nachfrage jeweils zu decken.

Gewinnung Während Zirkonium einen niedrigen Einfangsquerschnitt für thermische Neutronen aufweist, besitzt Hafnium hier erstaunlicherweise sehr gegenteilige Eigenschaften. Daher ist eine vollständige Trennung beider Elemente voneinander unabdingbar, um sie getrennt in kerntechnischen Anwendungen einzusetzen. Aus der Produktion hafniumfreien Zirkoniums gewinnt man so auch den größten Teil des Hafniums (Schemel 1977). Dies wird besonders dadurch erschwert, dass beide Elemente sehr ähnliche chemische Eigenschaften aufweisen (Larsen et al. 1943).

Die ersten früher angewandten Methoden, wie die fraktionierte Kristallisation der Fluoroammoniumsalze (Van Arkel und De Boer 1924, S. 284) oder die fraktionierte Destillation der Tetrachloride $ZrCl_4$ oder $HfCl_4$ (Van Arkel und De Boer 1924, S. 289) erwiesen sich als ungeeignet für die Umsetzung in den industriellen Maßstab. Die ersten gängigen und noch heute üblichen Verfahren beruhten auf Flüssig-Flüssig-Extraktion (Hedrick 2001), wobei das Endprodukt der Aufarbeitung stets *Hafnium-IV-chlorid (HfCl$_4$)* ist (Griffith 1952). Dieses reduziert man dann mit Magnesium bei Temperaturen um 1100 °C nach dem Kroll-Verfahren, also nahe am Siedepunkt des Magnesiums (Gilbert und Barr 1955):

$$HfCl_4 + 2\,Mg \rightarrow Hf + 2\,MgCl_2$$

Eine weitere Reinigung wird nach Van Arkel und De Boer erreicht. In einem geschlossenen Gefäß reagiert Hafnium mit Iod bei Temperaturen um 500 °C zu Hafnium-IV-iodid (HfI$_4$). An einem in diesen Behälter hineinragenden, auf 1700 °C erhitzten Wolframdraht zersetzt sich die Verbindung wieder in die Elemente, wobei das Hafnium kristallin am Wolframdraht abgeschieden und das gasförmige Iod wieder in den Reaktionskreislauf zurückgeführt wird (Van Arkel und De Boer 1925).

Eigenschaften

Physikalische Eigenschaften Hafnium ist silbrig-glänzend, duktil und beständig gegen Korrosion. In chemischer Hinsicht ist es Zirkonium äußerst ähnlich (Schemel 1977), wogegen die physikalischen Eigenschaften zum Teil deutlich von Zirkonium abweichen. Vor allem für nukleare Anwendungen ist eine möglichst vollständige Trennung der Elemente voneinander erforderlich, denn Hafniumkerne haben einen 600 mal höheren Einfangsquerschnitt für thermische Neutronen als Zirkonium, das praktisch durchlässig für Neutronen ist.

Insgesamt sind bisher 34 Isotope des Hafniums bekannt, mit Massenzahlen zwischen 153 und 186. Die stabilen Isotope besitzen Massenzahlen zwischen 176 und 180 ($^{176}_{72}$Hf bis $^{180}_{72}$Hf). Die Halbwertszeiten der radioaktiven Isotope bewegen sich zwischen 400 ms für $^{153}_{72}$Hf und $2 * 10^{15}$ Jahre für $^{174}_{72}$Hf.

Chemische Eigenschaften Auf kompaktem Hafnium bildet sich beim Lagern an der Luft eine schützende, sehr dünne Passivschicht aus, die einen weiteren Angriff durch Luftsauerstoff und -feuchtigkeit verhindert. Hafnium löst sich zwar in Mineralsäuren bei Raumtemperatur kaum, reagiert bei erhöhter Temperatur aber mit Halogenen und verbrennt in Luft. In fein verteiltem Zustand kann es sich an der Luft sogar spontan entzünden. Gegenüber starken Basen ist es inert. Hoch erhitzt, reagiert es auch mit anderen Nichtmetallen wie Stickstoff, Kohlenstoff, Bor und Silicium.

Geschichte Mendeleev sagte schon 1869 die Existenz eines schwereren Analogons zu Titan und Zirkonium voraus. Zur damaligen Zeit nahm man die Einordnung der Elemente im Periodensystem nach deren Dichte sowie dem Vergleich chemischer und physikalischer Eigenschaften vor (Kaji 2002). Erst 1914 zeigt die Röntgenstrahlenspektroskopie, dass ein direkter Zusammenhang zwischen der Lage der Spektrallinien und der Kernladungszahl (Ordnungszahl) besteht, wodurch eine exakte Platzierung der Elemente ermöglicht wurde. Moseley ermittelte auf diese Weise die Ordnungszahlen und Plätze der Lanthanoiden im Periodensystem und zeigte gleichzeitig die zu dieser Zeit noch bestehenden Lücken auf, die später den Elementen mit den Ordnungszahlen 43 (Technetium), 61 (Promethium), 72 (Hafnium) und 75 (Rhenium) zugewiesen wurden (Heilbron 1966).

Sehr bald nach dieser Veröffentlichung behaupteten mehrere Forscher, das Element mit der Ordnungszahl 72 gefunden zu haben (Heimann 1967). So reklamierte Urbain nachträglich das Auffinden dieses Elementes, das er Celtium nannte, bereits für das Jahr 1907 (Urbain 1911). Jedoch stimmten die von ihm präsentierten Daten nicht mit den später ermittelten überein, und so wurde dieser Namensvorschlag nach langer Kontroverse verworfen (Mel'nikov 1982). Einige Jahre danach sagten Bohr (1924) und Bury (1921) voraus, dass das noch zu entdeckende Element kein Lanthanoid und vielmehr in eine Gruppe mit Titan und Zirkonium einzuordnen sei. Diese Annahmen beruhten auf dem Bohr'schen Atommodell, den von Moseley erhaltenen Ergebnissen und den von Paneth vorgelegten Argumenten zur Chemie des Elements 72 (Paneth 1922; Fernelius 1982).

Schließlich entdeckten Coster und Hevesy Hafnium in zirkoniumhaltigen Erzen (Urbain 1922; Coster und Hevesy 1923; Hevesy 1923, 1925) und bestätigten somit Mendeleevs Vorhersage. Benannt wurde es nach dem lateinischen Namen für Kopenhagen, Hafnia, der Heimatstadt von Bohr (Scerri 1994).

Verbindungen

Die mit Abstand häufigste Oxidationsstufe des Hafnium ist $+4$, man kennt aber auch alle niedrigeren Oxidationsstufen von $+3$ bis -2.

Verbindungen mit Chalkogenen Das weiße, nahezu wasserunlösliche *Hafnium-IV-oxid (HfO$_2$)* schmilzt bzw. siedet bei Temperaturen von 2812 °C bzw. ca. 5100 °C, ist sehr ähnlich zu Zirkonium-IV-oxid, reagiert aber etwas basischer. Es zeigt eine hohe relative Permittivität von 25, weshalb es als High-k-Dielektrikum zur Isolierung des Gates für Mikroprozessoren eingesetzt wird (Devi 2007). Der Einbau immer dünnerer Gate-Isolatoren birgt die steigende Gefahr von Leckströmen, der mit Isolierungen aus Hafnium-IV-oxid wirkungsvoll begegnet werden kann.

Verbindungen mit Halogenen *Hafnium-IV-chlorid (HfCl$_4$)* ist ein weißes, monoklin kristallisierendes Pulver, das bei 315 °C sublimiert. Man erzeugt es durch Chlorierung von Hafnium bei 320 °C. An feuchter Luft bildet es infolge Hydrolyse Salzsäurenebel und wird entsprechend durch Wasser heftig zersetzt, wobei Hafniumoxidchlorid entsteht:

$$HfCl_4 + 2\,H_2O \rightarrow HfOCl_2 + 2\,HCl$$

Man nutzt Hafnium-IV-chlorid als Ausgangsverbindung für die chemische Gasphasenabscheidung von Hafniumcarbid (Allendorf 1999).

Hafnium-IV-bromid (HfBr$_4$) gewinnt man aus den Elementen Brom und Hafnium bei Temperaturen >320 °C (I) oder aber aus Hafnium-IV-oxid, Kohlenstoff und Brom (II):

$$(\text{I}) \quad Hf + 2\,Br_2 \rightarrow HfBr_4$$

$$(\text{II}) \quad HfO_2 + 2\,C + 2\,Br_2 \rightarrow HfBr_4 + 2\,CO$$

Hafnium-IV-bromid (HfBr₄) ist ein weißer Feststoff mit Sublimationspunkt 317 °C, der durch Wasser völlig zum Hydroxid hydrolysiert wird.

Diese Tetrahalogenide sind Ausgangsstoffe zur Herstellung organischer Hafniumverbindungen wie beispielsweise Hafnocendichlorid oder Tetrabenzylhafnium.

Kalium- oder Ammoniumhexafluoridohafnat-IV [K₂HfF₆, (NH₄)₂HfF₆] werden zur Abtrennung des Hafniums von Zirkonium verwendet, da beide Salze leichter löslicher sind als die jeweiligen des Zirkoniums.

Weitere Verbindungen Hafniumcarbid (HfC) ist ein Einlagerungsmischkristall, der mit einem Schmelzpunkt von ca. 3890 °C die höchste Schmelztemperatur eines binären (also aus zwei Bestandteilen zusammen gesetzten) Systems besitzt. Es ist zugleich ein sehr hartes Material einer Dichte von 12,2 g/cm³. An der Luft oxidiert es ab einer Temperatur von 500 °C. Ähnlich wie Titancarbid lagert es in der Hitze große Mengen von Sauerstoff oder Stickstoff ein. Obwohl es sehr teuer ist, stellt man aus Hafniumcarbid Whisker und Beschichtungen her und verwendet es auch in Kontrollstäben von Atomreaktoren.

Anwendungen

Hafnium setzt man nur in geringen Mengen ein, hauptsächlich noch in der Reaktortechnik. Dort reguliert es in Steuerstäben die Kettenreaktion in Kernreaktoren (Forsberg et al. 2011). Vorzüge sind seine große Beständigkeit gegenüber Korrosion, nachteilig sein hoher Preis. Oft geht es daher oft in militärische Anwendungen, zum Beispiel für Antriebsmotoren atomar angetriebener U-Boote (Schemel 1977).

Hafnium dient, wie auch Zirkonium, als Gettermaterial zum Entfernen auch kleinster Mengen an Sauerstoff und Stickstoff in Ultrahochvakuum-Anlagen. In Legierungen erhöhen schon geringe Zusätze des Elements deren Festigkeit und Hitzebeständigkeit. Solche Elemente werden in flüssigkeitsgetriebenen Raketen eingebaut, ebenso im Lunarmodul des Apollo-Programms, die aus einer Legierung aus 89 % Niob, 10 % Hafnium und 1 % Titan bestanden. Zudem verbessert es den Oberflächenschutz von Nickellegierungen gegenüber Korrosion (Maslenkov et al. 1980; Beglov et al. 1992; Vojtovich und Golovko 1975).

Zur Bestimmung der Altersstruktur der Erdkruste nutzt man den Zerfall des Isotops $^{176}_{71}$Lu zu $^{176}_{72}$Hf, der mit einer Halbwertszeit von 37 Mrd. a stattfindet (Patchett 1983; Söderlund et al. 2004; Blichert-Toft und Albarède 1997; Patchett und Tatsumoto 1980). In Granat sind ebenfalls höhere Konzentrationen an Hafnium enthalten; anhand des veränderlichen Verhältnisses von Lutetium zu Hafnium kann man auf Veränderungen der Erdkruste in früheren Erdzeitaltern schließen.

Da es sehr beständig gegen Hitzeeinwirkung ist und zugleich Sauer- und Stickstoff bei hohen Temperaturen aufnimmt, dient Hafnium als Getter für Sauer- und Stickstoff in Glühlampen. Man verwendet es auch zum Schneiden bei sehr hoher Temperatur (Plasma), da es unter diesen Bedingungen Elektronen in die Luft abgibt (Ramakrishnany und Rogozinski 1997).

5.4 Rutherfordium

Symbol	Rf		
Ordnungszahl	104		
CAS-Nr.	53850-36-5		
Aussehen:	----		
Entdecker, Jahr	Fljorow (Sowjetunion), 1964 Ghiorso (Vereinigte Staaten von Amerika), 1969		
Wichtige Isotope [natürliches Vorkommen (%)]	Halbwertszeit	Zerfallsart, -produkt	
$^{257}_{104}$Rf (synthetisch)	4,7 s	$\alpha > {}^{253}_{102}$No/$\varepsilon > {}^{257}_{103}$Lr	
$^{259}_{104}$Rf (synthetisch)	3,1 s	$\alpha > {}^{255}_{102}$No/Spontanzerfall	
$^{261}_{104}$Rf (synthetisch)	65 s	$\alpha > {}^{257}_{102}$No	
$^{263}_{104}$Rf (synthetisch)	15 min	Spontanzerfall	
$^{267}_{104}$Rf (synthetisch)	1,3 h	Spontanzerfall	
Massenanteil in der Erdhülle (ppm)	----		
Atommasse (u)	261,109		
Elektronegativität (Pauling ♦ Allred&Rochow ♦ Mulliken)	K. A. ♦ K. A. ♦ K. A.		
Atomradius (pm)	150[a]		
Van der Waals-Radius (pm)	Keine Angabe		
Kovalenter Radius (pm)	157[a]		
Ionenradius (Rf^{4+}, pm)	Keine Angabe		
Elektronenkonfiguration	[Rn] $5f^{14}\,6d^2\,7s^2$		

Ionisierungsenergie (kJ/mol), erste ♦ zweite ♦ dritte	580 ♦ 1389 ♦ 2296[a]
Magnetische Volumensuszeptibilität	Keine Angabe
Magnetismus	Keine Angabe
Kristallsystem	Hexagonal
Elektrische Leitfähigkeit([A/(V * m)], bei 300 K)	Keine Angabe
Elastizitäts- ♦ Kompressions- ♦ Schermodul (GPa)	Keine Angabe
Vickers-Härte ♦ Brinell-Härte (MPa)	Keine Angabe
Mohs-Härte	Keine Angabe
Schallgeschwindigkeit (longitudinal, m/s, bei 298,15 K)	Keine Angabe
Dichte (g/cm^3, bei 293,15 K)	23,2
Molares Volumen (m^3/mol, im festen Zustand):	$11{,}25 * 10^{-6}$
Wärmeleitfähigkeit [W/(m * K)]	206[a]
Spezifische Wärme [J/(mol * K)]	Keine Angabe
Schmelzpunkt (°C ♦ K)	2100 ♦ 2373[a]
Schmelzwärme (kJ/mol)	203[a]
Siedepunkt (°C ♦ K)	5500 ♦ 5773*
Verdampfungswärme (kJ/mol)	Keine Angabe

[a] Geschätzte oder berechnete Werte

Gewinnung Zuerst wurden Atomkerne des Rutherfordiums 1964 am sowjetischen Kernforschungszentrum bei Dubna erzeugt, indem man Kerne des Plutoniums mit Neonatomen beschoss (Barber et al. 1993; Flerov et al. 1964). Die Existenz des Elementes konnte unter anderem mittels Röntgenspektroskopie nachgewiesen werden (Bemis et al. 1973).

$$^{242}_{94}\mathrm{Pu} + \,^{22}_{10}\mathrm{Ne} \rightarrow \,^{260}_{104}\mathrm{Rf} + 4\,^{1}_{0}\mathrm{n}$$

Lange führte man, vor allem in der damaligen Sowjetunion und im Ostblock, den Namen Kurtschatovium (Ku), der aber in der westlichen Hemisphäre abgelehnt wurde. Vielmehr beanspruchten amerikanische Forscher den dort im Jahre 1969 erreichten erstmaligen Nachweis des Elements für sich und schlugen ihrerseits den Namen *Rutherfordium* (Rf) vor. Erst 1997 einigte man sich auf den Namen Rutherfordium, gleichzeitig wies man, gewissermaßen als Entschädigung der russischen Forscher, dem ebenfalls neu entdeckten Element mit der Ordnungszahl 105 den Namen Dubnium zu. Die Darstellungsverfahren der US-Forscher waren verschiedene und wurden sämtlich im Schwerionenbeschleuniger in Berkeley durchgeführt (Ghiorso et al. 1969, 1970):

$$^{249}_{98}\text{Cf} + {}^{12}_{6}\text{C} \rightarrow {}^{257}_{104}\text{Rf} + 4\,{}^{1}_{0}\text{n}$$

$$^{249}_{98}\text{Cf} + {}^{13}_{6}\text{C} \rightarrow {}^{259}_{104}\text{Rf} + 3\,{}^{1}_{0}\text{n}$$

$$^{248}_{98}\text{Cf} + {}^{18}_{8}\text{O} \rightarrow {}^{261}_{104}\text{Rf} + 5\,{}^{1}_{0}\text{n}$$

Rutherfordium ist das erste Transactionoid; viele weitere Elemente dieser Reihe sollten bis in die jüngste Vergangenheit hinein entdeckt werden (Heßberger et al. 1997; Ghiorso et al. 1993; Ellison et al. 2010; Barber et al. 1993; Ninov 1999; Oganessian et al. 2007, 2009, 2015). Über die Festlegung der Namen wurden zwischen den hauptsächlich an der Entdeckung dieser Elemente beteiligten Institute zahlreiche Kontroversen geführt (IUPAC Commission 1997).

Eigenschaften

Physikalische Eigenschaften Rutherfordium soll unter Normalbedingungen fest sein und in einer hexagonal-dichtest gepackten Struktur kristallisieren, ähnlich wie es bei seinem leichteren Homologen, dem Hafnium, der Fall ist. Seine Dichte wird mit dem sehr hohen Wert von 23,2 g/cm^3 erwartet, und Rutherfordium wäre damit zunächst das dichteste bekannte Element. Wie bei allen diesen schweren Isotopen wirken sich nicht nur Atomradius, Kernladungszahl und Zahl der äußeren Valenzelektronen auf die Eigenschaften aus, sondern zunehmend auch relativistische Effekte. Diese stabilisieren stark die äußeren 7s-Elektronen, weshalb die Atome der Transactionoide, deren erster Vertreter das Rutherfordium ist, eher 6d-Elektronen (!) abgeben, um in einer positiven Oxidationszahl aufzutreten. Dieses Verhalten wäre demjenigen seiner leichteren Homologen gegenläufig (Östlin und Vitos 2011; Türler et al. 1998).

Der radioaktive Zerfall und die Art der Isotope des Rutherfordiums wurden ebenfalls untersucht und in einigen Publikationen beschrieben (Heßberger et al. 2001; Lane et al. 1996; Hofmann 2009).

Chemische Eigenschaften Berechnungen seiner Ionisationspotenziale, Atomradien, Orbitalenergien etc. ergeben, dass Rutherfordium dem Hafnium und auch den leichteren Gruppenmitgliedern Titan und Zirkonium ähnelt und somit in eine gemeinsame Gruppe mit diesen einzuordnen ist (Kratz et al. 2003; Kratz 2003). Einige seiner Eigenschaften bestimmte man mittels Reaktionen in der gas- und in der wässrigen Phase. Es ist zu erwarten, dass die Oxidationszahl $+4$ die stabilste für Rutherfordium ist, wenngleich auch die Existenz einer weniger stabilen Oxidationsstufe $+3$ diskutiert wird.

Die chemischen Eigenschaften des Elements wurden berechnet unter der Annahme, dass die relativistischen Effekte in der Elektronenhülle so stark sind, dass die äußeren p-Orbitale niedrigere Energieniveaus einnehmen als die d-Orbitale. Dies würde aber bedeuten, dass eine mögliche Existenz einer Elektronenkonfiguration von $6d^1\,7s^2\,7p^1$ oder sogar $7s^2\,7p^2$ im Falle des Rutherfordiums eine Ähnlichkeit seiner Eigenschaften mit denen des Bleis impliziert. Da im Laufe der Zeit die Berechnungsmethoden verbessert wurden, wiesen die Resultate dieser Berechnungen aber nach, dass das Element doch näher mit Titan, Zirkonium und Hafnium verwandt ist.

In Analogie zu den anderen Elementen dieser Gruppe sollte Rutherfordium also ein sehr stabiles, hochschmelzendes Oxid (*Rutherfordium-IV-oxid, RfO$_2$*) bilden. Reaktionen in der Gasphase wiesen den Ablauf von Reaktionen zu Tetrahalogeniden RfX$_4$ nach, die flüchtig sind und mit tetraedrischer Koordination der Halogenatome in der Gasphase auftreten.

Aufgrund des größeren Radius des Rf^{4+}-Ions sollte dieses in wässriger Lösung weniger stark zur Hydrolyse neigen als die entsprechenden tetravalenten Ionen seiner leichteren Homologen. Die Hydrolyse sollte zunächst über das RfO^{2+}-Ion gehen.

Verbindungen

Für die Versuche zur Untersuchung sehr kurzlebiger Verbindungen des Rutherfordiums in der Gasphase wählte man das Isotop $^{261m}_{104}$Rf. Die Annahme war, dass das Element wie die leichteren Mitglieder seiner Gruppe ein tetraedrisch koordiniertes, leicht flüchtiges Tetrachlorid (RfCl$_4$) bildet. Tatsächlich ist es noch flüchtiger als Hafnium-IV-chlorid, weil Rutherfordium-IV-chlorid stärker kovalenten Charakter hat. Eine Reihe von Versuchen bestätigte daraufhin, dass die Existenz der flüchtigen Halogenide *(RfCl$_4$ und RfBr$_4$)* sowie die eines Oxichlorids (RfOCl$_2$) die Einordnung von Rutherfordium in die Titangruppe rechtfertigt.

Die leicht ablaufende Bildung von Hexahalogeno-Komplexen [$(^{261m}RfCl_6)^{2-}$] in wässriger Lösung wurde namentlich durch das Forschungsinstitut der japanischen Atomenergiebehörde bestätigt (Nagame 2005). Arbeiten mit hierzu sehr ähnlichem Ergebnis führte man dort in flusssauren Lösungen durch, wobei Rutherfordium nur sechs Fluoridionen im Komplexanion enthält, Zirkonium und Hafnium dagegen acht. Der Hexafluorokomplex zeigt im Vergleich zum Hexachlorokomplex ein unterschiedliches Extraktionsverhalten.

Literaturverzeichnis/Zum Weiterlesen

Y. Al-Khatatbeh et al., High-pressure behavior of TiO_2 as determined by experiment and theory. Phys. Rev. B. **79**(13), 134114 (2009)

M.D. Allendorf, *Proceedings of the Symposium on Fundamental Gas Phase and Surface Chemistry.* (The Electrochemical Society, Pennington, 1999), S. 265. ISBN 156677217-6

G. Audi et al., The NUBASE evaluation of nuclear and decay properties. Nucl. Phys. A **729**, 3–128 (2003)

R.C. Barber et al., Discovery of the transfermium elements. Part II: Introduction to discovery profiles. Part III: Discovery profiles of the transfermium elements. Pure Appl. Chem. **65**, 1757–1814 (1993)

I.J. Bear, W.G. Mumme, The crystal chemistry of zirconium sulphates. III. The structure of the β-pentahydrate, Zr2(SO4)4(H2O)8.2H2O, and the inter-relationship of the four higher hydrates. Acta Crystallogr. Sect. B: Struct. Crystallogr. Cryst. Chem. **25**, 1572–1581 (1969)

G.M. Bedinger, *Zirconium, Mineral Commodity Summaries* (United States Geological Survey, U. S. Department of the Interior, Washington, D. C., 2015). Zugegriffen: 7. Nov. 2015

V.M. Beglov et al., Effect of boron and hafnium on the corrosion resistance of high-temperature nickel alloys. Met. Sci. Heat. Treat. **34**(4), 251 (1992)

C.E. Bemis et al., X-Ray identification of element 104. Phys. Rev. Lett. **31**(10), 647–650 (1973)

H. Bialowons et al., Titantetrafluorid – Eine überraschend einfache Kolumnarstruktur. Z. Anorga. Allge. Chem. **621**, 1227–1231 (1995)

R. Blachnik, *Taschenbuch für Chemiker und Physiker, Band III: Elemente, anorganische Verbindungen und Materialien, Minerale* (begründet von J. d'Ans und E. Lax), 4. Aufl. (Springer Verlag, Berlin, 1998), S. 818. ISBN 3-540-60035-3

J. Blichert-Toft, F. Albarède, The Lu-Hf isotope geochemistry of chondrites and the evolution of the mantle-crust system. Earth Planet. Sci. Lett. **148**(1–2), 243–258 (1997)

N. Bohr, *The Theory of Spectra and Atomic Constitution: Three Essays* (Cambridge University Press, Cambridge, 1924), S. 114. ISBN 1-4365-0368-4

G. Brauer, *Handbuch der Präparativen Anorganischen Chemie*, 3. Aufl., Bd. I. (Enke Verlag, Stuttgart, 1975a), S. 259. ISBN 3-432-87813-3

G. Brauer, *Handbuch der Präparativen Anorganischen Chemie*, 3. Aufl., Bd. I. (Enke Verlag, Stuttgart, 1975b), S. 260. ISBN 3-432-87813-3

© Springer Fachmedien Wiesbaden 2016

H. Sicius, *Titangruppe: Elemente der vierten Nebengruppe,* essentials,
DOI 10.1007/978-3-658-12640-7

G. Brauer, *Handbuch der Präparativen Anorganischen Chemie*, 3. Aufl., Bd. II. (Enke Verlag, Stuttgart, 1978a), S. 1343. ISBN 3-432-87813-3

G. Brauer, *Handbuch der Präparativen Anorganischen Chemie*, 3. Aufl., Bd. II (Enke Verlag, Stuttgart, 1978b), S. 1348. ISBN 3-432-87813-3

G. Brauer, *Handbuch der Präparativen Anorganischen Chemie*, 3. Aufl., Bd. II (Enke Verlag, Stuttgart, 1978c), S. 1366. ISBN 3-432-87813-3

G. Brauer, *Handbuch der Präparativen Anorganischen Chemie*, 3. Aufl., Bd. II (Enke Verlag, Stuttgart, 1978d), S. 1370. ISBN 3-432-87813-3

G. Brauer, *Handbuch der Präparativen Anorganischen Chemie*, 3. Aufl., Bd. II (Enke Verlag, Stuttgart, 1978e), S. 1375. ISBN 3-432-87813-3

G. Brauer, *Handbuch der Präparativen Anorganischen Chemie*, 3. Aufl., Bd. II (Enke Verlag, Stuttgart, 1978f), S. 1379. ISBN 3-432-87813-3

G. Brauer, *Handbuch der Präparativen Anorganischen Chemie*, 3. Aufl., Bd. II (Enke Verlag, Stuttgart, 1978g), S. 1385. ISBN 3-432-87813-3

H. Breuer, *dtv-Atlas Chemie*, 9. Aufl., Bd. 1 (dtv-Verlag, München, 2000). ISBN 3-423-03217-0

H. Briehl, *Chemie der Werkstoffe* (Springer Verlag, Heidelberg, 2007), S. 244. ISBN 9783835102231

T. Brock et al., *Lehrbuch der Lacktechnologie*, 2. Aufl. (Vincentz Network, Hannover, 2000), S. 123. ISBN 3-87870-569-7

K. Bullis, Neuverdrahtung der Elektronik, technology review, 8. Mai 2008. Zugegriffen: 24. Okt. 2015

C.R. Bury, Langmuir's theory of the arrangement of electrons in atoms and molecules. J. Am. Chem. Soc. **43**(7), 1602 (1921)

D.G. Cacuci, *Handbook of Nuclear Engineering. Vol. 5: Fuel Cycles, Decommissioning, Waste Disposal And Safeguards* (Springer, New York, 2010), S. 2961. ISBN 0387981306

F. Cardarelli, *Materials Handbook: A Concise Desktop Reference* (Springer Verlag, New York, 2008), S. 617. ISBN 978-1-84628-669-8

Ceresana, Marktstudie Titan-IV-oxid, Ceresana Technologiezentrum, Konstanz, 2013

D. Coster, G. Hevesy, On the missing element of atomic number 72. Nature **111**(2777), 79 (1923)

J. D'Ans, E. Lax, *Taschenbuch für Chemiker und Physiker* (Springer Verlag, Heidelberg, 1997), S. 766. ISBN 3-540-600353

R.L. Davidovich et al., Crystal structure of monoclinic modifications of zirconium and hafnium tetrafluoride trihydrates. J. Struct. Chem. **54**, 541–546 (2013)

W.A. Deer et al., *The Rock-Forming Minerals, Volume 1 A: Orthosilicates* (Longman Group Ltd., Pearson, 1982), S. 418–442. ISBN 0-582-46526-5

Der Standard, NASA-Daten weisen auf reiche Titan-Vorkommen auf dem Mond hin. http://derstandard.at/1317019743040/Rohstoffquelle-NASA-Daten-weisen-auf-reiche-Titan-Vorkommen-auf-dem-Mond-hin, Wien, Österreich. Zugegriffen: 9. Okt. 2011

A. Devi, Hafniumoxid bringt den Durchbruch. AG der RUB entwickelt neuartige Verbindung. Preis im Erfinderwettbewerb, Fakultät für Chemie und Biochemie, Lehrstuhl für Anorganische Chemie II der Ruhr-Universität Bochum, Deutschland. Zugegriffen: 20. März 2007

Die Welt, Forscher preisen den Mond als Rohstofflieferanten. http://www.welt.de/wissenschaft/weltraum/article13647963/Forscher-preisen-den-Mond-als-Rohstofflieferanten.html. Hamburg, Deutschland. Zugegriffen: 10. Okt. 2011

Dschwen materialscientist, Foto „Zirkonium", 2006

L.S. Dubrovinsky et al., Materials science: The hardest known oxide. Nature **410**(6829), 653–654 (2001)

T. Ebbinghaus, Kombinierter biologisch-photokatalytischerAbbau von umweltrelevanter Stickstoffverbindungen zur Reinigung von landwirtschaftlichen Abwässern mit bewachsenen Pflanzen-filtern und TiO_2/UV, Dissertation des Fachbereiches der Universität Dortmund, Deutschland, 2002

P. Ehrlich et al., Über Zirkonium(III)-fluorid. Versuche zur Darstellung von Thorium(III)-fluorid. Z. Anorg. Allg. Chem. **333**, 209–215 (1964)

P. Ellison et al., New superheavy element isotopes: $^{242}Pu(^{48}Ca,5n)^{285}114$. Phys. Rev. Lett. **105**(18), 182701 (2010)

G.N. Flerov et al., Synthesis and physical identification of the isotope of element 104 with mass number 260. Phys. Lett. **13**, 73–75 (1964)

C.W. Forsberg et al., *Water Reactor*, in: *Nuclear Hydrogen Production Handbook* (CRC Press, Boca Raton), S. 192. ISBN 978-1-4398-1084-2

K.H. Friese, W. Grünwald, EP0386006, Sensor element for limit sensors for determining the lambda value of gaseous mixtures, Robert Bosch GmbH. Zugegriffen: 12. Sept. 1990

J. Gambogi, *Titanium Mineral Concentrates, United States Geological Survey* (U.S. Department of the Interior, Washington, D. C., 2011a)

J. Gambogi, *Mineral Commodity Summaries 2011: Zirconium and Hafnium, United States Geological Survey* (U. S. Department od the Interior, Washington, D. C., 2011b), S. 190–191

A. Ghiorso et al., Positive identification of two alpha-particle-emitting isotopes of element 104, Phys. Rev. Lett. **22**, 1317–1320 (1969)

A. Ghiorso et al., ^{261}Rf; new isotope of element 104. Phys. Lett. B **32**(2), 95–98 (1970)

A. Ghiorso et al., Responses on ‚Discovery of the transfermium elements' by Lawrence Berkeley Laboratory, California; Joint Institute for Nuclear Research, Dubna; and Gesellschaft für Schwerionenforschung, Darmstadt followed by reply to responses by the Transfermium Working Group. Pure. Appl. Chem. **65**(8), 1815–1824 (1993)

L.H. Gilbert, M.M. Barr, Preliminary investigation of Hafnium metal by the kroll process. J. Electrochem. Soc. **102**(5), 243 (1955)

M. Grätzel, F.P. Rotzinger, The influence of the crystal lattice structure on the conduction band energy of oxides of titanium(IV). Chem. Phys. Lett. **118**(5), 474–477 (1985)

N.N. Greenwood, A. Earnshaw, *Chemie der Elemente*, 1. Aufl. (Wiley VCH, Weinheim, 1988), S. 1231. ISBN 3-527-26169-9

R.F. Griffith, *Zirconium and Hafnium, Minerals Yearbook Metals and Minerals (except fuels)* (The first production plants Bureau of Mines, Albany, 1952), S. 1162–1171

K. Hatta et al., Floating zone growth and characterization of aluminum-doped rutile single crystals. J. Cryst. Growth. **163**, 279–284 (1996)

J.B. Hedrick, *Zirconium and Hafnium, United States Geological Survey* (U.S. Department of the Interior, Washington, D.C., 2001)

J.L. Heilbron, The work of H. G. J. Moseley. Isis **57**(3), 336 (1966)

P.M. Heimann, Moseley and celtium: The search for a missing element. Ann. Sci. **23**(4), 249 (1967)

E. Hering, *Sensoren in Wissenschaft und Technik* (Vieweg und Teubner Verlag, Wiesbaden, 2012), S. 107. ISBN 978-3-834-88635-4

F.P. Heßberger et al., Spontaneous fission and alpha-decay properties of neutron deficient isotopes $^{257-253}$104 and ^{258}106. Z. Physik. A **359**(4), 415 (1997)

F.P. Heßberger et al., Decay properties of neutron-deficient isotopes ^{256,257}Db, ^{255}Rf, ^{252,253}Lr. Eur. Phys. J. A **12**(1), 57–67 (2001)

G. Hevesy, Über die Auffindung des Hafniums und den gegenwärtigen Stand unserer Kenntnisse von diesem Element. Ber. Deut. Chem. Ges. **56**(7), 1503 (1923)

G. Hevesy, The discovery and properties of hafnium. Chem. Rev. **2**(1), 1–41 (1925)

A.R. von Hippel, Ferroelectricity, domain structure, and phase transitions of barium titanate. Rev. Mod. Phys. **22**, 221–237 (1950)

S. Hofmann, *The Euroschool Lectures on Physics with Exotic Beams, Vol. III Lecture Notes in Physics* (Springer Verlag, Berlin, 2009), S. 203–252

A.F. Holleman, E. Wiberg, N. Wiberg, *Lehrbuch der Anorganischen Chemie*, 102. Aufl. (De Gruyter Verlag, Berlin, 2007), S. 1533. ISBN 978-3-11-017770-1

B.O. Hönigschmied et al., Über das Atomgewicht des Zirconiums. Z. Allge. Anorg. Chem., **139**, 293–309 (1924)

C.E. Housecroft, *Inorganic Chemistry* (Pearson Education, Upper Saddle River, 2005), S. 652. ISBN 0130399132

K. Hund-Rinke et al., *Biological Efficiency Measurements for Photocatalysts* (Fraunhofer-Institut für Molekularbiologie und Angewandte Ökologie, Schmallenberg, 2013)

IUPAC Commission, Names and symbols of transfermium elements (IUPAC Recommendations. Pure Appl. Chem. **69**(12), 2471–2474 (1997)

G. Jander, E. Blasius, *Einführung in das anorganisch chemische Praktikum (Qualitative Analyse)*, 13. Aufl. (S. Hirzel Verlag, Stuttgart, 1990), S. 130

M. Kaji, D.I. Mendeleev's concept of chemical elements and the principles of chemistry. Bull. Hist. Chem. **27**, 4 (2002)

S. Kalpakjian et al., *Werkstofftechnik* (Pearson Deutschland GmbH, Hallbergmoos, 2011), S. 634. ISBN 9783868940060

G. Kienel, *Vakuumbeschichtung: Band 5: Anwendungen* (Springer Verlag, Heidelberg, 1997), S. 46. ISBN 978-3-6425-8008-6

M. Klare, Möglichkeiten des photokatalytischen Abbaus umweltrelevanter Stickstoffverbindungen unter Einsatz von TiO_2, Dissertation des Fachbereiches Chemie der Universität Dortmund, 1999

B. Kojić-Prodić et al., Structure of aquatetrafluorozirconium(IV). Acta Crystallogr. Sect. B: Struct. Crystallogr. Cryst. Chem. **37**, 1963–1965 (1984)

W. Kollenberg, *Technische Keramik Grundlagen, Werkstoffe, Verfahrenstechnik* (Vulkan-Verlag GmbH, Deutschland, 2004), S. 339. ISBN 978-3-8027-2927-9

J.V. Kratz, Critical evaluation of the chemical properties of the transactinide elements (IUPAC Technical Report). Pure Appl. Chem. **75**(1), 103 (2003)

J.V. Kratz et al., An EC-branch in the decay of 27-s^{263}Db: Evidence for the new isotope^{263}Rf. Radiochim. Acta **91**(1), 59–62 (2003)

D.G. Lamas, N.E. Walsöe de Reca, X-ray diffraction study of compositionally homogeneous, nanocrystalline yttria-doped zirconia powders. J. Mater. Sci. **35**, 5563–5567 (2000)

M.R. Lane et al., Spontaneous fission properties of 104262Rf. Phys. Rev. C. **53**(6), 2893–2899 (1996)

E. Larsen et al., Concentration of hafnium. Preparation of hafnium-free Zirconia. Ind. Eng. Chem. Anal. **15**(8), 512 (1943)

H.-P. Latscha, M. Mutz, *Chemie Der Elemente: Chemie* (Springer Verlag Heidelberg, Deutschland, 2011a), S. 211. ISBN 3642169147

H.-P. Latscha, M. Mutz, *Chemie Der Elemente: Chemie* (Springer Verlag Heidelberg, Deutschland, 2011b), S. 394. ISBN 3642169147

O.I. Lee, The mineralogy of hafnium. Chem. Rev. **5**, 17 (1928)

C. Legein et al., ^{19}F high magnetic field NMR study of beta-ZrF_4 and CeF_4: From spectra reconstruction to correlation between fluorine sites and ^{19}F isotopic chemical shifts. Inorg. Chem. **45**(26), 10636–10641 (2006)

D.R. Lide, *Geophysics, Astronomy, and Acoustics; Abundance of Elements in the Earth's Crust and in the Sea*, in *CRC Handbook of Chemistry and Physics*, 90. Aufl. (CRC Press, Boca Raton), S. 14–18

M. Lindner, Optimierung der photokatalytischen Wasserreinigung mit Titandioxid, Festkörper- und Oberflächenstruktur des Photokatalysators, Dissertation des Fachbereiches Chemie der Universität Hannover, Deutschland, 1997

H. Machida, T. Fukuda, Difficulties encountered during the Czochralski growth of TiO_2 single crystals. J. Cryst. Growth **112**, 835–837 (1991)

W. Martienssen, H. Warlimont, *Springer Handbook of Condensed Matter and Materials Data* (Springer Verlag, Heidelberg, 2005), S. 470. ISBN 978-3-540-30437-1

B. Martin, *Herstellung und Charakterisierung gesputterter TiN-Schichten auf Kupferwerkstoffen* (Shaker Verlag, Herzogenrath, 1994). ISBN 3-86111-950-1

S.B. Maslenkov et al., Effect of hafnium on the structure and properties of nickel alloys. Met. Sci. Heat Treat. **22**(4), 283 (1980)

V.P. Mel'nikov, Some details in the prehistory of the discovery of element 72. Centaurus **26**(3), 317 (1982)

Metallium, Inc., Foto „Titan", 2015

F. Mompean et al., *Chemical Thermodynamics of Zirconium* (Gulf Professional Publishing, Elsevier, 2005), S. 144. ISBN 0080457533

Y. Nagame et al., Chemical studies on rutherfordium (Rf) at JAERI. Radiochim. Acta **93**, 519 (2005)

M.C. Nichols et al., *Osbornite, Handbook of Mineralogy* (Mineralogical Society of America, Chantilly, 2001)

V. Ninov et al., Observation of superheavy nuclei produced in the reaction of 86Kr with 208Pb. Phys. Rev. Lett. **83**(6), 1104–1107 (1999)

D. Nishio-Hamane, The stability and equation of state for the cotunnite phase of TiO_2 up to 70 GPa. Phys. Chem. Miner. **37**(3), 129–136 (2010)

Yu. Ts. Oganessian et al., Synthesis of the isotope 282113Uut in the Np237 + Ca48 fusion reaction. Phys. Rev. C. **76**(1) (2007)

Yu. Ts. Oganessian et al., Superheavy elements in D I Mendeleev's periodic table. Russ. Chem. Rev. **78**(12), 1077 (2009)

Yu. Ts. Oganessian et al., Experiments on the synthesis of superheavy nuclei ^{284}Fl and ^{285}Fl in the ^{239,240}Pu + ^{48}Ca reactions. Phys. Rev. C. **92**(3) (2015)

A. Östlin, L. Vitos, First-principles calculation of the structural stability of 6d transition metals. Phys. Rev. B **84**(11), 113104 (2011)

F.A. Paneth, Das periodische system. Erg. Exakt. Naturwiss. **1**, 362 (1922)

R. Papiernik et al., Structure du tetrafluorure de zirconium, ZrF4 alpha. Acta Crystallogr. B **38**, 2347–2353 (1982)

P.J. Patchett, Importance of the Lu-Hf isotopic system in studies of planetary chronology and chemical evolution. Geochimica et Cosmochimica Acta **47**(1), 81–91 (1983)

P.J. Patchett, M. Tatsumoto, Lu–Hf total-rock isochron for the eucrite meteorites. Nature **288**(5791), 571–574 (1980)

D.L. Perry, *Handbook of Inorganic Compounds*, 2. Aufl. (Taylor & Francis, Florence, 2011), S. 472. ISBN 1-4398-1462-7

H.O. Pierson, *Handbook of Refractory Carbides & Nitrides: Properties, Characteristics* (William Andrew Publishing, Norwich, 1996), S. 73. ISBN 0-08094629-1

H.O. Pierson, *Handbook of Chemical Vapor Deposition, 2nd Edition: Principles, Technology* (William Andrew Publishing, Norwich, 1999), S. 256. ISBN 0-08094668-2

J.J. Prechtl, Jahrbücher des kaiserlichen königlichen polytechnischen Instituts in Wien, 9, 265 (1826)

S. Ramakrishnany, M.W. Rogozinski, Properties of electric arc plasma for metal cutting. J. Phys. D. Appl. Phys. **30**(4), 636 (1997)

W.S. Rees, Jr., *CVD of Nonmetals* (Wiley, New York, 2008), S. 370. ISBN 352761480X

E. Riedel, C. Janiak, *Anorganische Chemie* (De Gruyter Verlag, Berlin, 2011a), S. 788. ISBN 3110225670

E. Riedel, C. Janiak, *Anorganische Chemie* (De Gruyter Verlag, Berlin, 2011b), S. 792. ISBN 3110225670

E.R. Scerri, Prediction of the nature of hafnium from chemistry, Bohr's theory and quantum theory. Ann. Sci. **51**(2), 137 (1994)

W. Schatt et al., *Pulvermetallurgie* (Springer Verlag, Heidelberg, 2006), S. 506. ISBN 9783540236528

J.H. Schemel, *ASTM Manual on Zirconium and Hafnium* (ASTM International, West Conshohocken, 1977), S. 1–5. ISBN 978-0-8031-0505-8

N. Schlueter et al., Effect of titanium tetrafluoride and sodium fluoride on erosion progression in enamel and dentine in vitro. Caries. Res. **41**, 141–145 (2007)

T. Sekiya, S. Kurita, Defects in Anatase Titanium Dioxide. Nano- and Micromaterials-Advances in Materials Research, Bd. 9 (Springer-Verlag, 2008), S. 121–141

H. Sicius, Foto „Titan", 2015a

H. Sicius, Foto „Zirkonium", 2015b

H. Sicius, Foto „Hafnium", 2015c

G. Singh, *Chemistry of D-Block Elements* (Discovery Publishing House, New Delhi, 2007), S. 107. ISBN 978-818356242-3

U. Söderlund et al., The 176Lu decay constant determined by Lu-Hf and U-Pb isotope systematics of precambrian mafic intrusions. Earth Planet. Sci. Lett. **219**(3–4), 311–324 (2004)

A. Stirn, Vom Triebwerk bis zum Campanile. Süddeutsche Zeitung, 25. April 2009, S. 22.

E.S. Thiele, *Scattering of electromagnetic radiation by complex microstructures in the resonant regime* (Ph.D. Thesis, University of Pennsylvania, 1998)

E.G.M. Tornqvist, W.F. Libby, Crystal structure, solubility, and electronic spectrum of titanium tetraiodide. Inorg. Chem. **18**, 1792–1796 (1979)

A. Türler et al., Evidence for relativistic effects in the chemistry of element 104. J. Alloy. Compd. **287**, 271–273 (1998)

M.G. Urbain, Sur un nouvel élément qui accompagne le lutécium et le scandium dans les terres de la gadolinite: le celtium. Comptes rendus **141**, 152 (1911)

M.G. Urbain, Sur les séries L du lutécium et de l'ytterbium et sur l'identification d'un celtium avec l'élément de nombre atomique 72. Comptes rendus **174**, 1347 (1922)

A.E. Van Arkel, J.H. De Boer, Die Trennung von Zirkonium und Hafnium durch Kristallisation ihrer Ammoniumdoppelfluoride. Z. anorg. allg. Chem. **141**, 284 (1924a)

A.E. Van Arkel, J.H. De Boer, Die Trennung des Zirkoniums von anderen Metallen, einschließlich Hafnium, durch fraktionierte Destillation. Z. Anorg. Allg. Chem. **141**, 289 (1924b)

A.E. Van Arkel, J.H. De Boer, Darstellung von reinem Titanium-, Zirkonium-, Hafnium- und Thoriummetall. Z. Anorg. Allg. Chem. **148**, 345 (1925)

R.F. Voitovich, É.I. Golovko, Oxidation of hafnium alloys with nickel. Met. Sci. Heat. Treat. **17**(3), 207 (1975)

Z.L. Wang, Z.C. Kang, *Functional and Smart Materials: Structural Evolution and Structure Analysis* (Plenum Press, New York, 1998), S. 74. ISBN 978-0-306-45651-0

C. Werner, Zahnimplantate aus Zirkonoxid auf dem Vormarsch? Neue Zürcher Zeitung, Zürich, Schweiz. Zugegriffen: 15. April 2009

M. Whitby, Foto „Hafnium", 2003

E. Wiberg, A.F. Holleman, N. Wiberg, *Inorganic Chemistry* (Academic Press, Oxford, 2001), S. 1331. ISBN 0123526515

J. Winkler, *Titandioxid* (Vincentz Network, Hannover, 2003), S. 55. ISBN 3-87870-738-X

Wochenblatt Paraguay. http://latina-press.com/news/56028-riesige-titan-vorkommen-in-paraguay-entdeckt/. Zugegriffen: 8. Nov. 2010, Asunción, Paraguay, 2010